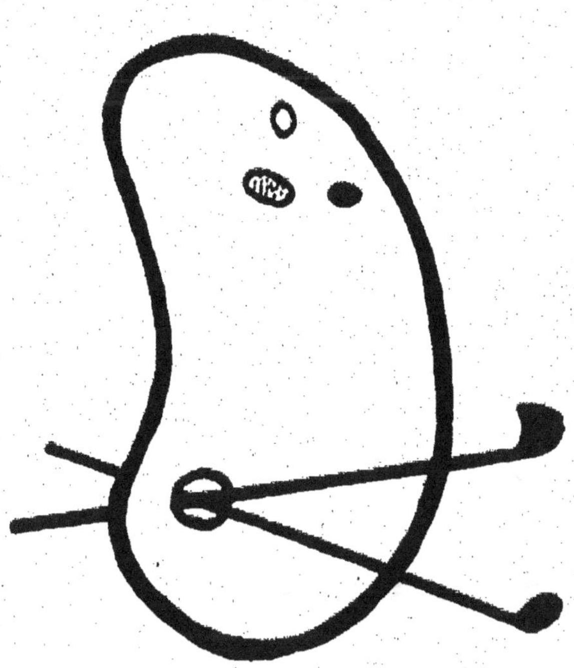

PÉRÉGRINATIONS

en Auvergne et dans les Pyrénées

après ma 1re Communion.

Les voyages agrandissent l'intelligence
dilatent le cœur, élèvent l'âme.

Société de Saint-Augustin.

DESCLÉE, DE BROUWER et Cie,

LILLE, rue Esquermoise, 33. — 1893.

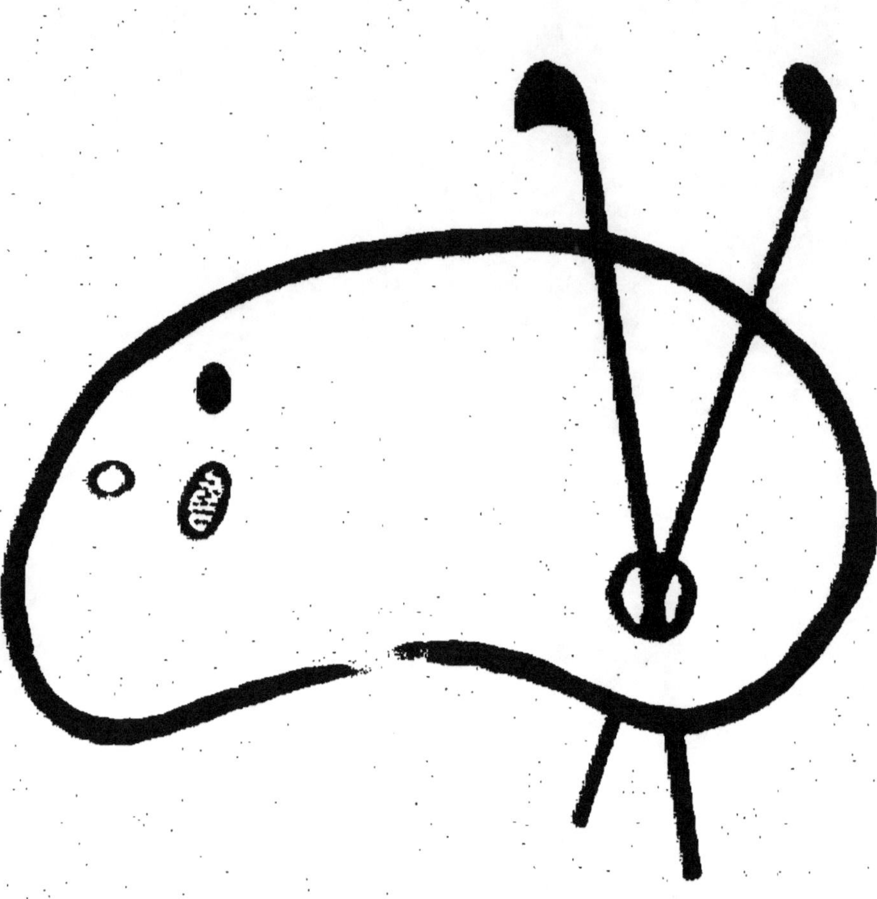
FIN D'UNE SÉRIE DE DOCUMENTS
EN COULEUR

PÉRÉGRINATIONS

en Auvergne et dans les Pyrénées

après ma 1re Communion.

Les voyages agrandissent l'intelligence,
dilatent le cœur, élèvent l'âme.

Société de Saint-Augustin,

DESCLÉE, DE BROUWER et Cie,

LILLE, rue Esquermoise, 33. — 1893.

AFFECTUEUX HOMMAGE

à mes bien-aimés Parents.

. . . . . . 7 heures 45 !... La locomotive siffle ; les plaques tournantes résonnent bruyamment sous le poids des wagons en marche. Notre coursier secoue sa torpeur, affermit son allure et bientôt file à toute vapeur. De Lille à Paris le pays est plat ; c'est toujours l'ennuyante monotonie. La lecture et la conversation font le charme de notre matinée. Vers 11 heures, la capitale montre ses dômes, ses élégants édifices, et, peu d'instants après, nous sommes installés à l'hôtel Sainte-Marie. Aussitôt après le déjeuner, montant en voiture, nous nous dirigeons aux buttes Montmartre afin de visiter l'église du Sacré-Cœur. Nous gravissons des escaliers successifs et nous admirons à droite et à gauche le beau Paris avec ses usines, ses palais, ses places, ses statues, ses monuments ; puis, ses faubourgs : Saint-Denis, Levallois-Perret, etc. — Nous montons encore quelques marches et nous nous trouvons dans l'église du Vœu National. Après avoir demandé à Notre-Seigneur sa bénédiction, nous circulons dans le saint édifice ; nous sommes stupéfaits de la profondeur du chœur, de la hauteur des voûtes, des nombreuses inscriptions qui couvrent les colonnes, les dalles, les vitraux : c'est bien ici l'attestation de la foi du peuple français. Les autels sont provisoires, sauf celui du chœur où un magnifique ostensoir en or massif et en pierres précieuses (don de Pie IX) repose entouré de mille et mille bougies ; de superbes lampadaires se balancent en haut des voûtes du chœur, autour de lui, lui formant une couronne ; ils sont d'un effet splendide. — Des cryptes énormes sont creusées dans l'église proprement dite ; elles sont à peu près aussi spacieuses que l'église elle-même. En un mot la basilique de Montmartre, œuvre de religion et de patriotisme, vient ajouter une splendeur et comme un couronnement à toutes les splendeurs de Paris. — Moins grandiose que Saint-Pierre de Rome ; moins vaste que la cathédrale de Cologne et le dôme de Milan ; mais bâtie dans une situation supérieure à toutes, avec la plus belle capitale du monde étendue à ses pieds, cette basilique sera l'une des merveilles de la grande ville et ne tardera pas à devenir le pèlerinage le plus rayonnant de l'univers. Déjà elle a vu des flots de visiteurs accourir de tous les points du globe.... 650 évêques se sont agenouillés sur ses dalles, 865.000 pèlerins étrangers ont gravi les pentes qui montent à son sanctuaire. Que sera-ce dans cinq ou six années, quand ses coupoles, ses dômes, son campanile achèveront de lui donner sa physionomie imposante, et que, revêtue de toute sa riche parure, elle étincellera comme un phare sur la colline où le christianisme a pris naissance, dans le sang de ses premiers apôtres (Montmartre, c'est-à-dire Mont des Martyrs)! La basilique a 100 mètres de long et 50 mètres de large : on ne pouvait la faire plus vaste, étant données les dimensions du plateau de la colline. On sait que la butte sera plus tard ornée de gazon, de bassins, de feuillages qui en feront un des lieux de promenade les plus recherchés de Paris. Patience ! Encore des efforts généreux et l'œuvre, élancée dans le ciel, rayonnera au-dessus de Paris comme un Thabor. On voit que la foi est toujours capable de transporter des montagnes.

Nous quittons, non sans regret, ce sanctuaire de Montmartre pour nous rendre à l'antique hôtel du Musée de Cluny.

Nous entrons dans la cour d'honneur par la grande porte qui s'ouvre sur la rue Du Sommerard (nom de celui qui, en 1838, apporta sa collection archéologique, véritable trésor amassé par trente ans de recherches, de fatigues et de sacrifices de tout genre) et qu'encadre un bandeau d'élégantes sculptures du temps, surmontées de l'écusson aux armes de Jacques d'Amboise. En pénétrant dans cet hôtel, on quitte la vie moderne pour se trouver en plein moyen-âge. Une grande tour domine de sa hauteur le bâtiment principal; elle porte à son sommet, sur les à-jour de pierre de sa balustrade, les devises du fondateur de l'hôtel.

A l'angle de la cour, à droite, en face d'un ancien puits que surmonte une armature en fer d'un travail original et d'une forme charmante, se trouve l'entrée des collections. — Le musée se compose de quatre salles au rez-de-chaussée et de sept au premier étage en y comprenant la chapelle. Dans la première salle, on a rassemblé des bas-reliefs, des fragments de grande sculpture, des moulages et des estampages, des monuments du moyen-âge et de la renaissance. On remarque dans la seconde un élégant groupe de Parques attribué à Germain Pilon, et des peintures sur cuir doré qui tapissent la muraille, spécimen précieux de genre abandonné. Elles représentent Scevola, Torquatus, Cocles, Curtius, Manlius, Calpurnius ; ces figures sont d'un style tudesque et très lourd, mais elles ne manquent pas d'expression, de fierté, de grandeur. La troisième salle contient un grand dressoir de sacristie à trois étages, magnifique boiserie de la fin du XVᵉ siècle provenant de l'église Saint-Paul de Léon, et un grand banc de réfectoire portant les armes de France, qui lui fait face. Les cheminées des deux précédentes, splendides monuments de l'art français, datent de 1562 et sont de Hugues Lallement, sculpteur de Troyes. L'une a pour sujet principal l'Actéon ; l'autre le CHRIST à la fontaine ; elles viennent d'une ancienne maison de Châlons-sur-Marne. La quatrième salle est très vaste ; plus basse que les précédentes, elle est de construction romaine, sauf la voûte qui est récente, ainsi que le pavé émaillé ; elle est ornée par de superbes tapisseries de Flandre, représentant l'histoire de David.

Un nouvel escalier, construit avec des fragments abandonnés d'un escalier de l'ancien hôtel de la Cour des Comptes, conduit au premier étage où l'on voit, outre les fameux étriers de François Iᵉʳ reconquis sur l'Espagne, une foule d'armures damasquinées et repoussées, des trousses de chasse, des serrures, des coffrets, de grandes glaces à couronnement sculpté, etc. La salle suivante, qui porte le nom de François Iᵉʳ, contient le lit de ce prince avec son baldaquin à cariatides. Au pied de ce lit sont réunies, dans une montre placée au centre de la salle, quelques pages de miniatures d'époques variées et d'un beau choix. Une porte à gauche conduit dans une salle qui a conservé le nom de la reine Blanche, parce qu'elle fut choisie pour retraite par la veuve de Louis XII et que les reines de France portaient le deuil en blanc. Sur la cheminée de cette chambre, on voit un admirable morceau de sculpture en bois par François Quesnoy, représentant l'Enfant JÉSUS bénissant le monde. On passe ensuite dans la chapelle, l'un des chefs-d'œuvre de l'architecture du XVe siècle ; elle est meublée d'un retable flamand en bois doré, de sièges à dais, de bancs d'œuvre et d'un prie-Dieu d'un travail précieux.

La salle Du Sommerard, vers laquelle il nous faut à présent revenir, est splendidement décorée par des peintures anciennes et un mobilier complet en bois d'ébène de la première moitié du XVIIe siècle. On y admire les portraits de A. Du Sommerard en bronze et celui de E. Du Sommerard, son fils, exécuté par Danton jeune. La salle des émaux vient après ; cette salle raconte toute l'histoire des fabriques d'émaux de Limoges, avec les noms des patients et laborieux artistes qui ont rendu le monde entier tributaire de leur industrie depuis le XIIe siècle jusqu'au milieu du XVIIIe. On y voit le long des murs les plus belles pièces d'émail connues représentant les dieux et les vertus, exécutées en 1559 pour le château de Madrid par Pierre Courtoys. La dernière salle est consacrée aux poteries et aux faïences. Elle renferme une merveilleuse collection de poteries, fontaines, plats et coupes de Faluza, un grand nombre des compositions de Bernard de Palissy et de ses imitateurs, des faïences de Nevers et de Rouen, des grès de Flandre, des bassins, des aiguières, des cruches, des couvre-feux, des clepsydres, en un mot, tous les ustensiles de la table et du ménage dont se servaient nos aïeux. Mais ces ustensiles sont autant de chefs-d'œuvre et valent à eux seuls plus d'une fortune.

De l'hôtel de Cluny on passe par une galerie découverte débouchant dans la chapelle basse à la grande salle des bains, seul reste de l'immense construction gallo-romaine qu'on nomme le palais des Thermes. On y a assemblé des débris de monuments romains et de tombeaux. Nous quittons le logis bien-aimé de Jacques d'Amboise pour nous rendre au Palais-Royal, où nous dînons d'un grand appétit, bien satisfaits de l'emploi de notre temps. Lors de notre voyage à Paris, en 1889, nous avions omis de visiter cet intéressant Musée ; aussi, nous sommes-nous hâtés de remplir cette lacune, nous promettant une bonne étude au Jardin d'Acclimatation lors de notre retour des Pyrénées. Nous devons maintenant nous reposer afin de prendre demain l'express qui nous conduira en Auvergne, à Riom, auprès de Sœur Vincent, notre Tante bien-aimée que je ne connais pas encore.

RIOM et ses ENVIRONS.

Donc jeudi matin, à 8 heures 14, nous étions gare de Lyon et nous prenions le rapide pour Clermont. Après Melun, nous admirons la magnifique forêt de Fontainebleau ; puis viennent Moret-sur-Loing, Montargis, Cosne, Sancerre, La Charité, Pougues, célèbre par ses eaux, Nevers d'où l'on découvre les belles vallées de la Loire et où l'on admire le pont lancé sur ce fleuve,... Saincaize, et l'on entre dans l'Allier, Moulins, Saint-Germain-des-Fossés. Après avoir contourné Saint-Germain-des-Fossés, on laisse la ligne de Lyon, puis celle de Vichy, et l'on s'enfonce dans une tranchée qui se continue jusqu'à l'entrée du beau pont de treize arches jeté sur l'Allier. Gannat sur le ruisseau d'Andelot. Au sortir de cette ville, la voie ferrée entre dans la fertile Limagne, vaste plaine de 240 kilomètres carrés, que Sidoine Apollinaire appelle « une mer de verdure où l'on voit onduler les moissons comme les flots, sans péril du naufrage », et dont il dit encore que sa vue seule fait perdre à l'étranger le souvenir de la patrie. On quitte le département de l'Allier pour entrer dans celui du Puy-de-Dôme, un peu en avant du village de Saint-Genest-du-Retz, et à l'horizon se montre le parc du château d'Effiat, château qui rappelle le souvenir d'une famille que Cinq-Mars, l'un de ses membres, a rendue tristement célèbre. Plus loin apparaît la butte Montpensier (441 mètres d'altitude). Un château-fort s'y élevait autrefois ; Richelieu le fit démolir en 1634. A la base ouest de la butte, se trouve la fontaine empoisonnée, petit bassin rond en forme d'entonnoir, recouverte d'une grotte artificielle, et d'où se dégage une quantité de gaz acide carbonique assez grande pour asphyxier les insectes et les oiseaux. Au milieu des vergers se montre Montpensier où mourut, en 1226, Louis XIII, empoisonné, dit-on, par Thibault, comte de Champagne.

Aigueperse, *Aqua sparsa* ou Aigues-perses (bleues).

Après avoir décrit une grande courbe et traversé les riches territoires d'Artonne, on arrive à Pont-Mort sur la

Morgue. De ce pont on peut admirer cet amas, cette confusion, cet enchaînement de terrains que le feu intérieur de la terre a soulevés en cônes, en mamelons bizarres dont il a déchiré le sommet pour aller ensuite s'épandre en un fleuve de flammes. Le Puy-de-Dôme élève sa haute cime au-dessus des autres pays, qui, du côté nord-ouest, vont en descendant jusqu'à Riom, bâtie sur un de leurs premiers gradins. Après avoir franchi le ruisseau d'Ambène, le chemin de fer décrit un long zig-zag, puis ralentit et enfin s'arrête en sifflant avec force : Riom !.... Riom !.... crient les employés de la gare : Hosanna ! nous sommes arrivés ! A peine descendus, nous apercevons notre chère Tante Irma, accompagnée de la bonne Sœur Amélie. Une minute s'écoule, et nous sommes dans ses bras. Douce étreinte, tendres effusions de cœurs qui se comprennent, que ne durez-vous toujours ? — Grâce à Dieu ! Il nous reste le souvenir de cette sereine entrevue, de ces suaves épanchements qui marqueront dans notre vie ; et c'est en souriant que je veux remémorer ce délicieux passé. — Suspendu au bras de Sœur Vincent si bien nommée, au milieu de Sœur Amélie, de Père et Mère, nous traversons le boulevard de la Poterne et arrivons rue de la Charité, au couvent des dignes Filles du Père des Pauvres. Sœur Supérieure nous reçoit avec un accueil que l'on rencontre là seulement où brillent les plus belles vertus, surtout celle de l'hospitalité ! L'émotion nous gagne, et c'est avec des larmes de joie plein le cœur que nous nous mettons à table auprès de Tante Irma (car Sœur Supérieure a voulu que nous dînions ce soir-là ensemble), et servis par Sœur Joseph et toutes les saintes compagnes de notre tante aimée, qui avaient eu l'amabilité de venir se grouper autour de nous pour nous souhaiter la bienvenue. Il m'est impossible de vous conter les charmantes conversations qui ont égayé le repas vraiment princier qui nous a été offert : — nous étions heureux ! heureux ! le bonheur inondait notre âme, c'est tout ce que je sais vous dire de ces impressions touchantes qui ne se décrivent point, mais qui sont à jamais gravées dans la mémoire. A 8 heures 1/2, après avoir visité une partie du couvent, Tante nous conduisit à l'hôtel Monteil et nous nous séparions avec la promesse d'un rendez-vous matinal pour le lendemain. Il est 8 heures ; Tante s'impatiente. Elle arrive, et ensemble nous visitons Riom, ville fort bien bâtie, à laquelle il ne manque que la blancheur que ne lui donnera jamais la lave de Volvic ; mais ses eaux sont si abondantes, ses promenades si vertes, si feuillues, sa position si belle, qu'il faudrait être bien difficile pour ne pas la regarder comme une des villes les plus agréables de l'Auvergne. Parmi les monuments de Riom, je citerai d'abord le Palais de Justice où l'on visite la salle du conseil de la première chambre ; c'est là que sont renfermés le portrait sur toile du vertueux Michel de l'Hospital, celui du premier président Grenier et le buste en marbre du président Bonjean.

La cour de Riom possède en outre les portraits de Louis XVIII, de Charles X, du Dauphin, de Napoléon III. De magnifiques tapisseries revêtaient les murs du Palais riomois si l'on en juge par celles qui ont échappé aux ravages du temps et des révolutions. Les sujets de la plupart d'entre elles sont tirés de l'histoire d'Ulysse. De là nous montons à la Sainte Chapelle. Sur sept saintes chapelles dues à la piété des fils ou des neveux de saint Louis, l'Auvergne en possède trois ; l'une à Vic-le-Comte ; l'autre à Aigueperse et la troisième à Riom. C'est un monument historique classé ; elle fut bâtie par Jean de France, duc de Berry et d'Auvergne, en 1382, et dédiée à la Sainte Croix, à saint Louis et à saint Thomas. Cette Sainte Chapelle a une seule nef éclairée par neuf croisées et enrichie de verrières d'un admirable ensemble et d'un grand éclat de couleur datant du XVe siècle. Ces vitraux représentent vingt-huit grandes figures d'apôtres, de prophètes et de Pères de l'Eglise. La partie ogivale représente des légendes et le Jugement dernier. L'extérieur n'est remarquable que par la symétrie de ses parties et par quelques sculptures. Son petit clocher a été abattu en 1793. De là nous nous sommes rendus au Pré Madame d'où l'œil admire une partie de la belle Limagne. Nous avons ensuite remarqué l'Hôtel des Consuls ou Maison du Saint-Esprit chargée de délicates sculptures ; puis le beffroi ou tour de l'horloge coiffée d'un dôme, la fontaine Ballainvilliers ; place Saint-Amable, celle des Cariatides à l'angle des rues de Moza et Sirmond, la fontaine Saint-Jean et la fontaine du Refuge. Nous nous sommes rendus à l'église Saint-Amable, où nous avons rencontré Monsieur l'abbé Coste, ami de Tante Irma ; ce pieux ecclésiastique, aussi éminent par sa science que par son aimable complaisance, nous fit visiter le sanctuaire de

Saint-Amable en nous donnant avec précision les détails que réclamait notre esprit curieux. Fondée au XIe siècle, successivement agrandie, l'église comprend une façade moderne, une triple nef, un transept roman avec coupole au centre et un chœur à rond-point et à autel double où se manifeste clairement l'influence du style français. Nous pénétrons dans la sacristie où nous sommes frappés de la richesse des boiseries sculptées qui la tapissent entièrement, et de la valeur sans pareille des ornements sacerdotaux des siècles passés. Ils surpassent de beaucoup en magnificence ceux des temps modernes. Avant de nous donner sa bénédiction, Monsieur l'Abbé Coste a bien voulu nous faire baiser les reliques de saint Amable qu'il a ensuite approchées de ma médaille de première Communion ; c'est avec regret que nous quittons ce saint prêtre que nous n'oublierons jamais auprès du bon DIEU ; mais le déjeuner nous appelle... Tous, nous sommes forcés d'obéir. Nous convenons avec Tante que sitôt le repas terminé nous prendrons une voiture pour visiter les environs de Riom et nous nous souhaitons bon appétit dans une affectueuse accolade. — A deux heures, la voiture arrive, nous y prenons place et sommes joyeusement surpris en apercevant, auprès de notre chère Tante, Sœur Supérieure qui a la bienveillante et aimable complaisance de nous accompagner, c'est-à-dire de diriger notre excursion. Nous allons d'abord à Volvic, situé au pied du puy de la Bannière, célèbre par ses carrières de pierres de taille de couleur grise exploitées dès le XIII siècle ; la dureté de cette pierre égale celle du marbre. Arrivés au pied de la montagne, la voiture s'arrête et nous remarquons l'église, édifice romain qui a été fondé au VII siècle, puis nous gravissons la pente qui doit nous conduire au plateau surmonté d'une statue colossale de la Vierge de Volvic érigée en souvenir de pieux pèlerinages. De distance en distance, une croix en pierre où sont gravés ces mots : « Marche ! marche, Pèlerin, tes pas sont comptés, » rappelle les stations du Chemin de la Croix. Après avoir embrassé, non sans peine, le pied de la Sainte Vierge, nous contournons un petit sentier de la montagne qui doit nous conduire aux ruines du château de Tournoël. En chemin, Tante Irma a la bonté de m'adresser quelques avis et conseils que je m'efforcerai de mettre en pratique. Que je voudrais lui ressembler, avoir son jugement, son âme ! Mon

Dieu bénissez ce saint désir. Mais nous voici à 1500 mètres de Volvic, c'est-à-dire à Cruzol. Nous n'avons plus qu'à gravir la colline, au sommet de laquelle se dressent les ruines de Tournoël, les plus belles du centre de la France. Ce vieux château que Jean, chanoine de Saint-Victor, appelait (Castrum fortissimum) et dont Guillaume le Breton dit dans sa Philippide qu'il était imprenable est placé à l'entrée des montagnes qui forment les derniers degrés de la masse du Puy-de-Dôme et des monts Dore. Ancien fief des comtes d'Auvergne, Tournoël fut donné en 1213 par Philippe-Auguste à Gui de Dampierre, et passa à diverses maisons par suite d'alliances et d'acquisitions successives.

Il appartient aujourd'hui à M. le comte Amédée de Chabrol ; un gardien est là pour les visiteurs.

On reconnaît facilement les trois enceintes successives qui protégèrent le château. A côté de la porte principale, on remarque une tour ronde à bossages, du temps de François 1er. Au-delà d'une deuxième porte le vestibule, puis un vaste préau, plusieurs grandes salles, en particulier l'appartement de la châtelaine et l'oratoire, qui a conservé une petite Vierge noircie par le temps et quelques débris de fleurs de décoration. Le donjon est une grosse tour ronde dont les murs ont quatre mètres d'épaisseur et trente-deux mètres de hauteur ; il est entouré vers le milieu d'un chemin de ronde en partie détruit. Ce donjon renfermait des oubliettes profondes de huit mètres sur deux mètres cinquante centimètres de largeur. Ici j'ai été fort impressionné. Mon imagination se reportant à cette époque où la barbarie usait de tels moyens pour se débarrasser de qui la gênait, je remerciai le bon Dieu de vivre à une époque civilisée. Du sommet de la tour on découvre une vue très étendue.

Quittant Tournoël, nous admirons Cruzol au milieu d'un massif de verdure et nous descendons à travers des châtaigneraies, à Enval pour visiter le ravin d'Enval, appelé aussi le bout du Monde, parce qu'il est enfermé à sa partie supérieure par une enceinte de rochers escarpés : c'est un des sites les plus sauvages de l'Auvergne égayé par les lavandières qui sont là agenouillées au pied des sources pour blanchir le linge. Nous remontons en voiture pour nous rendre à Châtelguyon, bâti sur une éminence dont le Sardou baigne la base. On y trouve de nombreuses sources minérales et une petite cascade d'eau incrustante. De jolies villas et de vastes hôtels ont été bâtis dans le voisinage des sources, que deux établissements thermaux exploitent : L'ancien est situé au milieu d'un parc, non loin duquel se dresse le Casino. Le nouvel établissement, d'aspect monumental, comprend quarante cabinets de bains avec soixante-dix baignoires. Dix-sept sources d'une température variant de dix-sept degrés à trente-cinq et débitant 8424 hectolitres par vingt-quatre heures. Après avoir contemplé le calvaire et la montagne du Chalusset plantée de sapins, nous retournons à Riom en passant par Mozac. Nous profitons d'une heure qui nous sépare du dîner pour visiter en détail le couvent des Sœurs de Charité. Que c'est bien là le sanctuaire des filles de saint Vincent ! Que l'air qu'on y respire est saturé des parfums des plus belles vertus ! Qu'il fait bon d'y vivre. — A la chapelle nous avons bien prié pour les chères Sœurs, pour la famille, les amis et surtout pour nous ! A la pharmacie nous avons goûté de la délicieuse liqueur d'écorce d'orange ! A la salle de réunion nous avons admiré les tableaux représentant les épisodes de la vie de S. Vincent. En classe, les petits enfants de Tante Irma nous ont émerveillés par leur sagesse et par leur science. Malgré notre joie de rester avec Tante, il fallut se séparer pour dîner et pour prendre chacun un peu de repos. Le lendemain à 9 heures nous montions dans le train pour Clermont accompagnés de Tante Irma et de Sœur Supérieure qui avait eu l'exquise délicatesse de se joindre à nous. De Riom à Clermont, le chemin de fer décrit une légère courbe : On aperçoit Maisat, Chateaugay avec sa forteresse ruinée, on passe à Gerzat ; puis entre Montferrand et Saint-Jean de Ségur, on admire les Casernes et on arrive gare de Clermont.

Clermont-Ferrand et ses environs.

Le premier soin de Sœur Supérieure fut de nous indiquer l'hôtel de Lyon recommandable sous tous les points de vue. Puis, nous commencions nos pérégrinations. Clermont est située sur un monticule au bord d'un vaste bassin semi-circulaire formé par les puys de l'Auvergne et ouvert seulement vers l'Est et le Nord-Est du côté de la plaine de la Limagne qui arrose l'Allier. Au Nord, à l'Ouest et au Sud au-dessus de coteaux ondulés couverts de vignobles, de villages et de maisons de campagne, se dressent les puys, sommets volcaniques, aux flancs rougeâtres et à la cime dépouillée. Quelle merveilleuse accumulation de cônes, de cratères, de déjections de lave dans ce plateau central, aujourd'hui si calme, si paisible, jadis bouleversé par les éruptions de cent bouches enflammées ! Le Puy-de-Dôme, facile à reconnaître de loin par sa forme et par sa hauteur, occupe à peu près le milieu de cette demi-circonférence. Mais, pardonnez-moi cette digression ou plutôt cette transition. De la gare nous nous rendîmes à l'église Saint-Joseph qui n'est pas encore terminée, de style ogival avec beaux vitraux et clocher élégant, puis, place de Jaude où s'élève la statue de Desaix, œuvre d'art remarquable. A l'extrémité Nord-Ouest l'église Saint-Pierre des Minimes, n'ayant rien d'intéressant à citer. Nous admirons ensuite place de Saint-Herein, aujourd'hui square Blaise Pascal, la statue du profond penseur ; puis la fontaine de Jacques d'Amboise, monument gracieux de la Renaissance (1515) qui occupe le point de jonction de l'Avenue centrale avec le cours Sablon. Nous nous rendons à Notre-Dame du Port de l'époque romaine, curieuse église ayant deux escaliers étroits qui s'ouvrent à droite et à gauche du chœur et donnent accès dans la crypte dont la voûte est soutenue par de grosses colonnes. De nombreux ex-voto couvrent les murs de cette chapelle souterraine qui renferme une madone miraculeuse en bois noir d'une haute antiquité, objet de nombreux pèlerinages. Nous visitons ensuite la cathédrale. Sur la pointe du comble de l'abside une statue à la Sainte Vierge en cuivre repoussé a remplacé la statue de Notre-Dame du Retour, objet d'une profonde vénération, et détruite à la Révolution. La cathédrale est bâtie en lave de Volvic. La voûte centrale haute de 28 mètres 70, repose sur des piliers hardis. Le chœur a été doté par Viollet le Duc d'un nouveau siège épiscopal, d'un orgue, de grilles et d'un autel en cuivre. Il possède, en outre, des chapelles rectangulaires. Les vitraux du rond point consacrés aux légendes des saints datent des XIIIe et XIVe siècles. On remarque aussi dans le bras gauche du transept, une horloge avec personnages (Mars, Faunus, Tempus) qui fut enlevée aux habitants d'Issoire pendant les guerres de religion, — Nous quittons la cathédrale et jetons un regard sur les maisons historiques : celle de Savaron, rue des Chaussetiers, et, dans le passage Vermine, celle de Pascal, ornée d'un buste de l'illustre écrivain. Nous terminons cette revue de monuments et édifices par une visite à la fontaine de Saint-Alyre, rue du Pont-Naturel, 44. Cette fontaine qui sort du calcaire lacustre, à une température d'environ 18°, contient des carbonates de chaux, de magnésie et de fer, ainsi que du gaz acide carbonique qui s'en dégage à l'air libre. Les matières calcaires, en dissolution, se précipitent alors, et forment sur tout le parcours des eaux un sédiment qui a recouvert le lit du ruisseau d'un enduit pierreux s'exhaussant sans cesse. Quand on a franchi la passerelle, on voit dans le petit jardin un cheval, une vache et son veau, cinq personnages dansant la bourrée d'Auvergne, etc., représentés en pétrifications. Dans une grotte, saint Antoine ; plus loin, un tigre, un tapir, etc. Près du grand pont est une vaste grotte artificielle dans laquelle se produit le travail de l'incrustation. On y voit rangés sur des gradins, des fruits, des végétaux, des nids d'oiseaux, médailles, bas-reliefs, camées, petits tableaux (sujets auvergnats), etc., dont on trouve une plus ample collection dans le bâtiment annexé à l'établissement thermal. Saint Alyre est le nom d'un évêque de Clermont. Sœur Supérieure et Tante Irma, malgré la fatigue qu'elles doivent éprouver, nous proposent de prendre, après le déjeuner, le tramway électrique place de Jaude, pour Royat (appelé primitivement Rubiacum), ce que nous acceptons avec empressement. Royat, aux rues tortueuses, est bâti sur la Tiretaine, dans une situation délicieuse, au fond d'une gorge ombragée d'arbres magnifiques. Notre premier soin fut d'examiner le grand établissement thermal présentant sur le parc une façade de plus de cent mètres de longueur. Il se compose d'un corps principal et de deux galeries latérales terminées chacune par un pavillon où sont installés les appareils de pulvérisation, les douches et les bains d'acide carbonique. L'établissement renferme en outre cent-huit cabinets de bains (baignoires en lave ou en marbre) une piscine de natation à eau courante et enfin un gymnase. De là, nous visitons le parc, et sommes agréablement surpris par un délicieux concert. Malgré notre temps toujours limité, nous ne résistons pas à cette suave harmonie qui nous invite au repos, et nous nous asseyons une demi-heure. Sur la hauteur dominant le parc se trouve le Casino avec salles de lecture, de conversation, de jeu, de concert parfaitement aménagé. Nous nous dirigeons ensuite à l'Eglise ; puis, nous passons devant la grotte des sources. Cette caverne large de plus de 3 mètres, profonde de 11 mètres, est formée par des rochers basaltiques ; du fond, jaillissent sept sources d'une température de dix degrés dont les eaux tombent dans un lavoir d'où elles vont ensuite se mêler aux eaux écumeuses de la Tiretaine. L'escarpement dans lequel la grotte est percée est couronné d'arbustes, tapissé de lierre, et dominé par une tourelle qui faisait partie de l'enceinte du Prieuré. Nous continuons notre excursion jusqu'à un point pittoresque et désert où Sœur Supérieure et Tante Irma ont bien voulu partager avec nous un petit goûter champêtre, égayé par les plus douces causeries. Mais une ombre planait à notre horizon ! nous sentions que l'heure de la séparation allait sonner, et cette pensée décolorait notre joie. Il fallut se diriger à la station du train pour retourner à Clermont, et de là place de Jaude prendre le car pour la gare. Il est sept heures un quart ; encore huit minutes, et le chemin de fer emportera celle que je connais depuis deux jours et que j'affectionne comme on affectionne ce qu'on a de meilleur ici bas ! Père, Mère sont tristes... les larmes étouffent leurs accents... Tante veut sourire. La fille de Saint-Vincent n'est-elle pas la personnification de toutes les vertus ? Elle nous serre sur son cœur... Sœur Supérieure, à qui nous avons voué une éternelle reconnaissance, nous embrasse une dernière fois et entraîne notre Tante aussi aimée que regrettée. Il le fallait, le chemin de fer s'ébranlait déjà... nous retournons hôtel de Lyon tout émus, et sans proférer une seule parole... Notre silence était plus éloquent que tous les langages... nous rêvions à la rapidité du temps qui enlève les plus chères jouissances aussitôt qu'on les goûte ! mais aussi le souvenir nous restait et le souvenir n'est-ce pas la vie ? Père nous consola en nous disant : « Riom n'est pas aux Antipodes... nous reverrons Tante Irma avec la grâce du bon Dieu. » Le lendemain, nous assistâmes à la grand'messe à l'église Saint-Pierre, où un célèbre orateur nous fit repasser avec admiration et attendrissement les épisodes de la vie de saint Vincent-de-Paul ! Après le déjeuner, nous montâmes en voiture pour le Puy-de-Dôme. Nous passons à Chamalières, laissant à gauche ia route de Royat. Le Puy-de-Dôme se montre d'abord en face ; puis, à mesure que l'on avance, il disparaît derrière d'autres sommets. Laissant à droite Durtol, on décrit de nombreux lacets et on jouit d'une vue magnifique sur les plaines de la Limagne, où serpente l'Allier, et que terminent au loin les montagnes du Forez. Nous arrivons à La Baraque, hameau bâti sur une coulée de lave descendue du Puy-de-Pariou. Nous laissons la route de Pontgibaud, et, un peu au-delà, près du hameau de Cheix, nous arrivons à Villars, où l'on voit un menhir surmonté d'une croix, une *cheire* (champ de lave inculte) et les ruines d'une bourgade du moyen-âge. Bientôt apparaît la masse imposante du Puy-de-Dôme. Encore quelques minutes, et nous descendons de voiture afin de faire à pied l'ascension de la plus haute montagne de l'Auvergne, munis de bâton ferré, bien entendu. Après une demi-heure de marche, par une chaleur torride et sans ombre, nous étions exténués ; mais la pensée de nos prochaines excursions, réveilla notre énergie, et nous continuions à monter, à gravir sans nous arrêter cette fois. Après une heure et demie d'efforts, nous atteignions le but :

> Si Dôme était sur dôme,
> On verrait les portes de Rome.

Ce dicton exprime simplement l'admiration populaire pour le volcan éteint qui, haut de 1465 m., a donné son nom à la chaîne dont il occupe le centre, et au département dans lequel il est situé. Du point culminant du Dôme, on découvre un vaste panorama : on aperçoit à l'Ouest le Limousin, au Sud les chaînes du Mont Dore, le plomb du Cantal, et plus près de soi le lac d'Aydat ; à l'Est la Limagne, l'Allier et les monts de Velay. Puis, on embrasse l'ensemble de tous les mouvements souterrains de toutes ces hauteurs aux contours heurtés et saillants, de ce chaos de formes portant les traces qu'y ont laissées l'érosion séculaire des eaux et les déchirements des feux souterrains. Sur le Dôme a été construit un observatoire inauguré en 1876. C'est un pavillon de construction circulaire. Là se trouve un bureau télégraphique (ouvert au public) ; nous en avons profité pour lancer un télégramme à nos chères Riomoises. Les fouilles nécessitées pour la construction de la station météorologique ont mis à découvert les assises d'un vaste édifice de l'époque gallo-romaine. En examinant bien on peut se faire une idée de la grandeur de ce monument antique, qui était un (temple de Mercure). On a déblayé des plates-formes successives reliées entre elles par des escaliers monumentaux qui en facilitaient l'accès. Au-dessous ont été découvertes une porte et une fenêtre. A côté apparaît une série de pièces moins grandes et pourvues d'un banc semi-circulaire. On a trouvé, au milieu des décombres, des fragments de marbres les plus rares et de plus de cinquante espèces différentes semblables à celles qui ornaient le palais des Césars à Rome. On a mis à jour aussi deux masques en pierre de grandeur naturelle que l'on croit être ceux d'Apollon et de Diane, divers objets en bronze, en corne de cerf, des pièces de monnaie frappées à l'effigie d'Antonin. Après avoir examiné toutes ces merveilles nous avons opéré gravement et avec beaucoup moins de fatigue la descente du Puy de Dôme : Une heure de marche nous suffit pour rejoindre notre voiture, et nous rentrons vers cinq heures et demie à Clermont que nous visitons de nouveau avant le dîner. A dix heures nous étions au lit et le lendemain nous prenions l'express pour Laqueuille où une correspondance devait nous conduire au Mont Dore. A dix heures nous descendions à Laqueuille, pour monter en omnibus où, durant trois heures, nous avons souffert horriblement de la chaleur. Néanmoins, nous avons remarqué la route de Tulle ; puis Murat, le Quaire d'où l'on domine une partie de la Dordogne et d'où l'on aperçoit la Bourboule. On prend ensuite le chemin du Mont Dore en longeant les pentes inférieures de la Banne d'Ordenche et du Puy Gros. On traverse le ruisseau du lac de Guéry ; on tourne à droite et on entre dans le hameau de Queureilh à peine éloigné d'un kilomètre du Mont Dore où nous arrivons, non sans peine, à midi. Nous nous dirigeons aussitôt hôtel des Etrangers afin de réparer le désordre de notre toilette et de prendre quelque réconfortant pour nous rendre compte ensuite de la position du pays et de la riche nature qui l'environne. Le Mont Dore (mont Durianus) est un bourg encaissé au milieu des montagnes et adossé au plateau du Puy l'Aigle. Il se compose de trois cent soixante-quinze maisons environ, presque toutes converties en hôtels bordant la rue principale et la place Michel Bertrand. En face de l'établissement thermal s'ouvre une promenade oblongue ornée d'une belle fontaine et d'un vaste casino. Le parc, y attenant, longe la rive droite de la Dordogne ; on la traverse pour atteindre le pont suspendu qui relie la promenade à la rive gauche ; de là nous avons gravi de magnifiques pentes boisées de sapins pour nous rendre au plateau du Capucin. Nous avons rencontré avec plaisir avant le terme de notre ascension une belle pelouse (Salon du Capucin), où une brave femme tient une baraque renfermant toutes sortes de cordiaux que les touristes savourent avec plaisir en se reposant un instant..; deux belles chèvres vinrent aussi nous réjouir. Nous continuons ensuite notre route et arrivons auprès de ce rocher, qui, vu du bas, a une vague ressemblance avec un moine encapuchonné, d'où son nom de Capucin. Nous descendons ensuite ces pentes en respirant à pleins poumons l'air embaumé des sapins, et arrivons dans le parc où un charmant concert fit nos délices avant le dîner. Le repas terminé, nous nous occupons pour les excursions du lendemain et nous convenons avec le guide Banny (du Club alpin) que, dès la première heure, trois ânes seront à la porte de notre hôtel pour nous rendre au pic de Sancy et jouir du lever du soleil dans les montagnes... La vallée du Mont Dore n'eût-elle point sa station balnéaire qu'elle attirerait chaque année les touristes, les peintres, les naturalistes par ses sites variés et pittoresques et par ses richesses botaniques. Cette merveilleuse vallée est fermée par une immense muraille de granit que surmontent les pics gigantesques du Sancy, 1886 m. d'altitude.

Pour s'y rendre, en sortant du Mont Dore, on prend à gauche le chemin qui débouche en face de la halle. Dix minutes s'écoulent, et on atteint le cours d'eau qui a formé la grande cascade, une des plus belles de l'Auvergne ; tournant alors à gauche, on gravit la pente de la montagne ; au 2ᵉ lacet, on laisse l'ancienne route de Besse pour suivre le sentier du Club Alpin qui mène en vingt-cinq minutes au pied de la cascade, tombant du sommet d'un rocher de trachyte taillé à pic et haut de plus de trente mètres. Une large excavation creusée dans le roc permet de redescendre dans la vallée pour passer le ravin des Egravats formé par la chute d'une partie du roc de Cuzeau. Franchissant le ruisselet des Egravats, et peu après la Dordogne, dont on suit la rive gauche, on aperçoit bientôt la cascade du Serpent, formée par un mince ruisseau descendu du puy de Cacadogne, et que l'on prendrait pour un serpent d'argent glissant à travers les arbres et les fleurs. En face tombe du sommet d'un rocher, le mince filet d'eau de la Dore, au-dessous duquel serpente le sentier qui conduit à des mines d'alun inexploitées. Traversant alors le ruisseau de la gorge d'enfer, puis la *Dore au point même* où elle s'*unit* à la *Dogne*, née sur le puy du Pan-de-la-Grange, le chemin s'élève en serpentant sur les flancs du puy de Cacadogne ; il atteint au pied du grand roc une sorte d'esplanade où se trouvent des monceaux de pierres formant des murailles très basses, que l'on croit être les restes d'habitations construites par une colonie espagnole attirée en cet endroit par les pierres précieuses qu'on y trouvait. On remarque aussi les Burons nom donné à des cabanes faites de troncs d'arbre et servant d'abri aux petits monts-Doriens, gardant les magnifiques vaches qui sont une des richesses du pays, et qui font retentir joyeusement l'air du son de leur clochette argentine. Gravissant ensuite une côte rapide, on traverse le ravin de la Dogne au point même où naît ce ruisseau ; on laisse à droite des gazons inondés par la Dore, que l'on franchit, et le chemin décrit une grande courbe avant d'atteindre en pente douce le col du Sancy où l'on trouve une buvette pour s'abriter et se reposer, et pour laisser les montures pendant que l'on prend un sentier mal tracé et en zig-zag pour arriver au sommet du Pic-du-Sancy, la plus haute montagne de la France centrale. — Il existe au sommet une croix en fer ébranlée par la foudre. Le panorama que l'on y découvre est au-dessus de toute description. Au Nord se déroule la vallée du Mont Dore, à droite les sommets du Cacadogne, de Cuzeau, de Moreilhe, de l'Angle, etc. ; à gauche, le Cliergue, le Capucin ; au Nord le puy Gras, la Banne d'Ordenche, à l'Est de laquelle on distingue le lac de Guéry, dominé par la roche Sanadoire ; et à l'horizon les monts Dôme. Vers le Nord-Ouest, l'œil plonge sur les forêts et les pâturages de la vallée de la Burande et sur la colline basaltique de la Tour d'Auvergne, tandis qu'au Nord-Est, on aperçoit le lac Chambon, et au-delà la Limagne. Du côté Sud se dressent d'anciens volcans et le lac circulaire de

Chauvet, le plus vaste de tous les lacs de cette région, entouré de collines à pente douce, gazonnées ou couvertes de beaux arbres. A l'horizon s'élèvent les cimes dentelées du Cantal, et dans la direction de Besse, on entrevoit vaguement quelques sommets des Alpes. Nous quittons ce spectacle grandiose pour descendre avec *précaution* jusqu'au col du Sancy où nos montures nous attendent pour retourner au Mont Dore. Notre petite caravane suit le chemin des Crêtes qui court sur les rocs de Cacadogne, et celui de Besse, et de la grande Cascade. En côtoyant ces précipices, une certaine crainte vous saisit, mais le spectacle de toutes ces grandeurs vous enhardit en vous empoignant l'âme. On avance quand même. A midi, nous arrivons à l'hôtel et convenons avec notre guide, qui est très intelligent, qu'une voiture sera à notre disposition pour les excursions de l'après-midi. Notre repas terminé, nous montons en landau pour nous rendre à la Bourboule, en passant par le salon de Mirabeau, les cascades de la Verrière et du Plat-à-Barbe, la grande scierie, la Roche Vendeix et la route de Latour. Après avoir dépassé le hameau de Queureilh, au milieu de ravins boisés et pittoresques, on traverse un chemin, sous un berceau de verdure, qui conduit à une clairière entourée de sapins et dominée au Sud par de hauts rochers à pic, couronnés de hêtres. Ce site, dégradé par la hache des bûcherons, a été souvent visité en 1787 par Mirabeau Toaneau, frère du célèbre orateur. Nous continuons cette ravissante promenade jusqu'à la cascade du Plat-à-Barbe dont le nom indique l'effet magique produit par le bouillonnement de l'eau qui bondit de rocher en rocher. Nous entrons ensuite dans la belle vallée de la scierie fermée par le Capucin, le Cliergue et le plateau de Rozat (1502 mètres). La propriété de Monsieur Bonnard est une grande scierie où l'on voit les ouvriers occupés à scier d'énormes troncs d'arbre ou pièces de bois, et des chariots attelés de bœufs et chargés de planches, de poutres, de madriers, etc. Une demi-heure plus tard, nous admirons la roche Vendeix à 1103 mètres d'altitude. Une rampe qui serpente autour du cône conduit à son sommet d'où la vue plonge sur des forêts et des prairies bornées par de hautes montagnes. Nous longeons la vallée de Fenestre et atteignons la Bourboule. Cette station thermale, située au pied de hauts rochers granitiques qui l'abritent contre les vents d'Ouest et du Nord, jouit d'une température égale et douce. La Bourboule semble un nid au milieu de la verdure. De vastes et confortables hôtels et de charmantes villas y sont élevés de toute part. L'efficacité de ses eaux, la pureté de l'air qu'on y respire, la beauté des sites qui l'environnent, tout concout à assurer à cette station balnéaire un avenir de plus en plus prospère. Après nous être promenés dans le parc, dans le bois, et avoir examiné le pont sur la Dordogne, nous remontons en voiture pour retourner au Mont Dore où nous arrivons à 7 heures, bien heureux d'avoir si bien rempli notre journée. Nous dinons de grand appétit et repassons avec enthousiasme les péripéties de notre voyage si beau, si instructif. Malgré notre vif désir de respirer plus longtemps l'air pur de l'Auvergne et d'admirer ses sites grandioses, nous retenons l'omnibus pour le lendemain à 6 heures afin de prendre l'express de 7 heures 40 à Laqueuille pour Toulouse.

Il est 5 heures, et, bien que j'éprouve encore une certaine lassitude il faut se lever et s'habiller à la hâte pour partir. En traversant le Mont Dore nous fûmes surpris de rencontrer à chaque pas des chaises à porteur sortant de l'établissement thermal. Nous apprimes que les malades prenaient leur bain à cette heure matinale parcequ'ils devaient ensuite se coucher trois ou quatre heures et à une forte température ainsi que le traitement l'ordonne. En prenant notre place dans la diligence, nous saluons le Mont Dore et le long de la route qui nous en éloigne nous méditons les lignes suivantes empruntées à Georges Sand qui a si bien décrit l'Auvergne.

« C'est ici que l'on peut jouir du caractère agreste et tou-
» chant de ce beau sanctuaire de montagnes. Aussitôt que
» les baigneurs arrivent, tous les sentiers se couvrent de
» caravanes bruyantes, le village retentit du son des pianos
» et des violons, et l'austère solitude perd irrévocablement,
» pour les amants de la nature, ses profondes harmonies, sa
» noblesse immaculée. C'est donc à préférer ces promenades
» pénibles assaisonnées de danger, ces herbes mouillées sur-
» tout sentent bon, ces fleurs toutes remplies des diamants
» de la pluie sont délicieuses : ces vaches bien lavées relui-
» sent au soleil comme dans un beau tableau hollandais !
» Et le soleil ?. lui aussi est plus ardent et plus souriant à
» travers ces gros nuages noirs qui ont l'air de jouer avec

» lui... Cette nature est d'une suavité adorable, et quand la
» pluie tombe, les noirs rideaux de sapins, aperçus à travers
» un voile, semblent reculer du double et le paysage prend
» la vastitude des scènes grandioses de montagnes ! »

Tout en rêvant à ces sublimes merveilles de la nature
nous arrivons à Laqueuille où nous nous faisons servir un
petit déjeuner au buffet. Hélas ! bon gré mal gré, il nous
fallut laisser notre succulent café et chocolat ! l'impitoyable
train était là !

Nous commencions mal cette journée qui malheureusement
devait se continuer de même, vu la chaleur torride et les
13 heures insupportables de chemin de fer que nous allions
subir. A midi nous arrivons à Brive. Nous déjeunons d'un
poulet froid, gâteaux et pêches, mais le vin est si chaud que,
malgré ma soif ardente et l'exemple de Père, Mère, je ne
puis le boire. Je regrettais la fraîcheur des sites ombrageux
et délicieux du Mont Dore et si la perspective de visiter
Toulouse, n'avait pas été là pour m'encourager, nous serions
restés à Brive jusqu'au lendemain ! « C'était perdre du temps,
il fallait obéir à la raison » ; de Brive à Figeac, sept stations
et jusqu'à Gailhac au moins treize autres. Nous ne voyons
pour ainsi dire que des vignes ; rien d'intéressant ne vient
faire oublier la fatigue qui nous abat ; le temps d'ailleurs est
orageux et vers le soir la plaine et dans le lointain les montagnes sont illuminées à chaque instant par les éclairs.

Toulouse.

Il est huit heures lorsque nous entrons en gare de
Toulouse, mes jambes sont engourdies ; c'est avec peine
que j'atteins la voiture qui doit nous conduire hôtel Souville,
place du Capitole. Nous nous mettons à table pour dîner, mais
impossible de manger ; je dois gagner mon lit à la hâte et
me raidir contre le malaise qui me gagne si je veux me
reposer pour commencer le lendemain matin l'étude du chef-
lieu de la Haute-Garonne. Grâce à Dieu, à sept heures et
demie du matin, j'étais sur pied et presque guéri de ma lassitude ; à huit heures et demie, Père, Mère et moi, quittions
l'hôtel ! Toulouse nous fait oublier nos montagnes bien-
aimées. Ici l'infini des beautés de la nature trouve sa com-
pensation dans l'infini des souvenirs, surtout quand la foi

leur imprime son cachet d'immortalité ; héroïsme religieux ; héroïsme guerrier ; gloire scientifique et littéraire, rien n'y manque. La flèche qui élance ses arcades à jour au-dessus de l'église St-Sernin, annonce et protège des tombes bien illustres, des reliques bien fameuses. Ses cryptes souterraines renferment des châsses revêtues d'or et d'argent où reposent les corps de vingt-six personnages renommés par leur sainteté ; cinq apôtres : Simon, Jacques, Philippe, Jude et Barnabé'; un docteur de l'Eglise, Thomas d'Aquin et plusieurs grands prélats des premiers siècles. Cette antique basilique avec ses voûtes à plein cintre, ses arcades hardies, ses cinq nefs, ses trois autels étagés, ses neuf chapelles circulaires, offre le coup d'œil grandiose d'un amphithéâtre assombri par les couleurs fortement nuancées de ses vitraux. Depuis que Charlemagne apporta les corps des saints Apôtres, on n'y avait jamais enseveli que ceux des martyrs et des canonisés. Il fut fait exception à cette règle pour le duc de Montmorency en qui la ville de Toulouse chérissait le plus illustre et le meilleur de ses gouverneurs. Il fut inhumé dans la chapelle même dédiée au grand Evêque de Toulouse, saint Exupère. — Les jeux floraux, belle et antique institution dont une femme a doté sa ville natale, suffiraient à la gloire de Toulouse. Là, on ne distribue point de lourdes ou de légères médailles comme dans nos académies : les prix fondés par Clémence Isaure sont des fleurs d'or et d'argent ; c'est une amarante, une églantine, une violette, un souci. Aujourd'hui encore, suivant le vœu de l'aimable fondatrice, l'Académie décerne tous les ans, au mois de mai, le souci d'argent au meilleur sonnet ou autre pièce en l'honneur de la Sainte Vierge. Gracieuse alliance ! Les fleurs, le mois de mai... la Vierge sans tache ! Nous allâmes donc au capitole où Clémence m'occupa plus que Jupiter Capitolin. L'église de la Dorade remplace aussi un temple ; celui-ci était dédié à Pallas, de qui Toulouse avait pris le nom de cité palladienne. La Dorade est ainsi nommée à cause des dorures multiples dont ses murs sont recouverts. On y révère une statue miraculeuse de la Ste Vierge nommée la Noire ; (Nigra sum sed formosa).—Un pont magnifique réunit les deux parties de la ville divisée par la Garonne. — Le musée est un des plus riches de la France méridionale. Nous y vîmes, entre autres mausolées, le tombeau des sept dormants, celui de Bernard IV, comte de

Toulouse, et de plus les bustes de Trajan, d'Antonin, de Commode, etc.—En traversant une des cours de l'Hôtel de Ville, nous nous trouvâmes sous l'influence d'une pénible émotion. N'était-ce point ici que le 31 octobre 1632, Henri, duc de Montmorency, avait été décapité? N'était-ce point là que l'illustre condamné avait dit : « Tâtez mon cœur, et voyez s'il palpite, et mon pouls, s'il se hâte plus qu'à l'ordinaire, et vous jugerez avec moi que c'est Dieu seul qui me fortifie. » Fort en effet de la grandeur d'âme innée en lui, plus fort encore par son noble repentir et surtout par ce sacrement qu'avait mis en lui l'Auteur de la vie et le Dominateur de la mort, le duc monta à l'échafaud d'un pas ferme, et après avoir dit d'une voix distincte ! «Domine Jesu, accipe spiritum meum, » il porta sa tête sur le billot et reçut le coup fatal. A ce souvenir, nous bénîmes Dieu qui, d'un héros, avait fait un saint. Entre tous les témoignages qui ont été rendus à Tolosa la Grande et la Sainte, je citerai de préférence les paroles de saint Bernard : « J'ai senti beaucoup de joie à l'arrivée de notre cher frère, abbé de Grand Selve, qui m'a fait le récit de la constance et de la sincérité de votre foi, de la persévérance de votre affection pour moi, de votre zèle contre les hérétiques. » Dans cette illustre ville, vécut aussi Roméo de Villeneuve. Il était temps de rentrer à l'hôtel, après avoir admiré la maison de pierre, les allées La Fayette, la statue de Riquet, le célèbre ingénieur languedocien qui a relié l'océan Atlantique avec la Méditerranée par le canal du Midi, entreprise gigantesque qui coûta à Riquet autant de fatigues que de contrariétés. Nous nous hâtâmes de déjeuner afin de prendre l'express pour Bagnères de Luchon par Montréjeau où nous arrivâmes à cinq heures cinquante.

Bagnères de Luchon

Laissant nos bagages à la gare nous cheminâmes le long d'une belle allée plantée d'arbres, et, après dix minutes de marche, nous arrivâmes allée d'Etigny où nous trouvâmes l'Hôtel du Midi. Après avoir réparé le désordre de notre toilette de voyage nous nous mîmes à table et après le dîner nous fîmes une charmante promenade dans la ville. Au bout de l'allée d'Etigny, au pied de la montagne de Superbagnères, se trouve l'établissement thermal dont la faça le a une longueur de 97 mètres. C'est un des plus beaux de la France. Les bains sont alimentés par 54 sources qui jaillissent du pied rocailleux de la montagne, très près l'une de l'autre, et de manière à former par leur réunion comme un fer à cheval. En continuant notre route, nous remarquons sans peine que la belle vallée de Luchon, entre la Pique et l'One, à huit kilomètres des frontières d'Espagne, est sans contredit l'une des plus pittoresques, des plus populeuses, et des plus productives des Hautes-Pyrénées. Les montagnes qui l'environnent sont couvertes de pâturages et de forêts, et occupées, çà et là, par de riches habitations, de jolis villages. Le sol de la contrée est si fertile qu'il donne quelquefois deux récoltes dans la même année. La température de l'air y est d'une douceur si parfaite et si égale que l'hiver n'y est jamais rigoureux. Après avoir examiné les établissements espagnols et fait divers achats, nous retournons à l'hôtel et retenons un landau pour nos excursions du lendemain. Avant de nous coucher, nous jouissons, du balcon de notre chambre, de la vue d'une charmante retraite aux flambeaux organisée par des Espagnols. Tout ici est ravissant ; aussi, est-ce avec l'esprit enthousiasmé et le cœur épanoui que j'offre au bon Dieu ces douces joies qui m'environnent et que je dois à mes si bons parents.

Il est huit heures, nous montons en voiture pour nous rendre Vallée du Lis, Cascades d'Enfer et du Cœur, Gouffre infernal. Les sites que nous traversons nous enchantent au-delà de toute expression, et, devant nous, autour de nous, toujours des montagnes couronnées de neige, cette belle neige qui est d'un effet magique au travers les rayons de soleil. Voici Castel-Vieilh à 772 mètres d'altitude avec sa tour à signaux.

Au-delà, on traverse la Pique sur le pont Lapadi, puis laissant la route de Portillon et de l'Hospice, on franchit le pont de Ravi et on s'engage dans la vallée du Lis ou du Lids (dominée au Sud par le Mail Aouéran) une des plus charmantes des Pyrénées ; ses prairies, ses forêts, ses pâturages parsemés de granges, cascades, et son amphithéâtre de glaces offrent une succession de vues admirables. La voiture s'arrête près du gouffre du trou Bounéon. Ce gouffre est assez profond, et les eaux qui roulent avec fracas, entraînent dans leur chute bien des blocs de rocher. On frémit en lisant les épitaphes des malheureux qui ont péri en cet endroit, victimes de leur imprudence ou surpris par le vertige. Nous dépassons ensuite la cascade Richard ; à droite, sur les pentes, les granges du Plan de Cazaux, et la vallée s'ouvre devant nous... Les montagnes s'écartent et le cirque tout ravissant de merveilleux paysages apparaît ! Au fond de scintillantes cascades ; au-dessus, des forêts, et plus haut le glacier dominé à l'Est par le pic de Crabioules ; à l'Ouest par le pic Quaïrat. Avant d'arriver à l'auberge du Lis, nous saluons la sainte Vierge dont la statue en marbre blanc s'élève au milieu d'une belle prairie et semble protéger ceux qui passent en cet endroit. Nous descendons de voiture et nous nous dirigeons au pied de la Cascade d'Enfer d'où l'on monte en quinze minutes au pont du même nom au-dessus de la chute. En continuant l'ascension, on arrive à une saillie de roc garnie de murs d'appui d'où l'on voit la cascade du Gouffre Infernal. Plus haut se trouve une forêt, et par-delà le magnifique pont de neige qui nous éblouit autant qu'il nous étonne... Après quelques minutes de contemplation nous descendons jusqu'à l'auberge afin de remonter en voiture, heureux de traverser encore une fois ces beautés incomparables de la nature qui émeuvent l'âme et l'inondent de reconnaissance pour le divin Créateur ! Nous arrivons à l'hôtel pour le déjeuner que notre estomac réclame à grands cris. Puis, nous remontons en voiture pour continuer nos excursions. Nous nous dirigeons à Montauban en passant par le Casino, somptueux édifice bâti en 1880 qui renferme des salles de spectacle, de concert, de bal, de jeux, etc., et au premier étage se trouve un musée pyrénéen. Nous passons ensuite à la cascade de Juzet, haute de 40 mètres 50, et, à deux kilomètres, Montauban où nous visitons l'église moderne en style fleuri du XIIIe siècle, colonnes monolithes en marbre blanc et crypte en style roman. Pour admirer la cascade, on entre dans le jardin de M. le Curé. Un petit sentier y conduit ; un autre vous dirige à l'antre sauvage au fond duquel tombe la chute. Nous revînmes au centre de Luchon par l'allée des Platanes ou de Barcugnas ; nous prîmes alors dans l'allée des Soupirs un sentier conduisant en dix minutes (à pied) à la cascade ferrugineuse de Sourrouillhe. C'est à grand'peine que nous atteignîmes le faîte de la montagne (bien que peu élevé) à cause du mauvais chemin qui y mène (étroits lacets parsemés de morceaux d'ardoises, mouillés et glissants et de terre détrempée).

L'heure du dîner étant proche nous retournâmes allée d'Etigny, bien heureux de l'emploi de notre journée, nous promettant pour le lendemain, avant notre départ pour Lourdes, la délicieuse excursion au Lac d'Oo.

De bonne heure nous quittons Luchon pour Oo. On traverse le val de l'Astan, on arrive aux granges d'Astan où cesse la route de voiture. Nous apercevons à gauche le beau vallon de Médassoles ; à droite le torrent d'Esquierray qui forme la cascade appelée Chevelure de Madeleine. On prend alors le sentier du lac d'Oo en longs zigs-zags, au pied des escarpements boisés de Serra-Cremat. On contourne la dernière pointe de rochers et on arrive sur le pont qui conduit rive gauche à la maison du fermier sise sur un petit rocher : c'est de là que l'on admire le panorama du lac. Ce superbe lac d'Oo ou Séculéjo, mesure 39 hectares de superficie, 69 mètres de profondeur, est entouré de rochers escarpés ; au loin, on voit les pyramides neigeuses du Quaïrat du Montarqué et de Spijoles. Une barque est à la disposition de ceux qui veulent traverser cette magnifique nappe d'eau. Nous saluons le lac et quittons la vallée d'Oo pour revenir à la gare de Luchon en passant par Cazaux-de-Laboust prendre l'express pour Lourdes par Montréjeau et par Tarbes, trajet qui ne durera que trois heures et demie.

Lourdes

Nous voici sur cette terre de miracles ! Avec Lasserre, je m'écrie : « Comme l'œil charmé s'arrête et se repose sur ce
» côté de l'horizon, comme l'âme y respire à l'aise ! L'Orient
» n'a pas plus d'éclat ni le matin plus de fraîcheur. Rien ici-
» bas ne se peut vraiment comparer à la splendeur et à la
» pureté d'un tel spectacle. C'est le ciel lui-même s'inclinant
» vers la terre. C'est Dieu avec les hommes ! N'est-ce point
» ici que l'on accourt de tous les pays et par tous les che-
» mins de fer à l'appel de Marie pour prier unanimement et
» ne former qu'une seule famille et qu'un seul cœur sous le

» regard du Père de toute créature ? » Mais il faut laisser mes méditations pour m'occuper de l'étude de Lourdes. Cette petite ville est située dans les Hautes-Pyrénées entre les dernières ondulations des coteaux qui terminent la plaine de Tarbes et les premiers escarpements abrupts qui commencent la Grande Montagne. Les maisons assises irrégulièrement sur un terrain accidenté sont groupées presqu'en désordre à la base d'un rocher énorme, isolé de tout et sur lequel est hissé, comme un nid d'aigle, un formidable château fort. Au pied de ce roc, du côté opposé à la ville, à l'ombre des aulnes, des frênes et des peupliers, le Gave court tumultueusement, brisant ses eaux écumantes contre un barrage de cailloux et faisant tourner sur ses rives les roues sonores de trois ou quatre moulins. Le fracas des meules et le murmure du vent dans les branches des arbres se mêlent au bruit de ses ondes fuyantes. Approchons maintenant des Roches Massabielle. Une église superbe est fièrement jetée sur leur sommet et s'élève joyeusement vers le ciel. Ce vaste temple de marbre, tout pavoisé de fleurs, d'oriflammes, de guirlandes, d'arcs de triomphe, est sans cesse témoin de ces pèlerinages qui ont pris un développement sans exemple. On accède à l'église soit par des escaliers, soit par des rampes en pente douce formant un hémicycle (modèle de celui de Saint-Pierre de Rome). Au-dessous de la basilique s'ouvre devant elle la promenade de Paradis, parc gazonné et planté d'arbustes avec la statue de la Vierge en beau marbre de Carrare, de grandeur naturelle, exécutée sur les minutieuses indications de Bernadette, par Fabish, éminent sculpteur lyonnais, et, plus loin, la statue de saint Michel. A gauche de l'église, le chemin du Calvaire se développe au flanc d'une colline dont le sommet offre une vue admirable. Dans le voisinage sont des couvents, un vaste hôpital pour les vieillards et des abris pour les pèlerins. Quant à la grotte, elle a changé d'aspect. Sans rien perdre de sa grandeur, ce lieu sauvage et abrupt a pris une physionomie gracieuse, douce et vivante. La grotte est fermée d'une grille, à la façon d'un sanctuaire. A la voûte est suspendue une lampe d'or. Sous ces roches agrestes que la Vierge a foulées de son pied divin, des faisceaux de cierges brûlent nuit et jour. Hors de cette enceinte close la source miraculeuse alimente par trois forts tuyaux de bronze la piscine (dissimulée par une petite construction) et les fontaines d'eau bénite. C'est là que les ex-voto parlent au nom des malades guéris, des cœurs consolés, et de tant d'âmes ressuscitées à la vérité et à la vie. Nous éprouvions, nous aussi, une violente émotion, et c'est à regret que nous nous éloignions des Roches Massabielle pour héler un cocher qui devait nous conduire au lac de Lourdes et dans les environs. — Chemin faisant, nous remarquons les carrières de marbre qui occupent 600 ouvriers et 40 carrières d'ardoises ; le château de Mourle, et, plus loin, le lac, retenu par des Moraines formant barrage. La vue que l'on découvre ici est splendide, et le long du chemin, jusqu'à l'hôtel de Richelieu, montagnes et paysages font nos délices. En route, nous convenons avec le cocher que nous prendrons pied à terre à Lourdes pour visiter Cauterets, Luz, Saint-Sauveur et Gavarnie. Nos chevaux étant très bons, deux jours suffiront pour ces excursions. — Après le dîner, nous nous promenons dans Lourdes qui n'est pas bien grand, mais où un va-et-vient perpétuel lui donne l'aspect d'une cité ! Cette procession incessante, ce pèlerinage universel, ces foules magnifiques, représentent la belle zone du Midi avec son éclatant soleil et son bleu firmament, avec son mouvement, son agitation, avec ses vives couleurs, sa végétation puissante, ses exquises floraisons ; avec ses langues sonores, ses paroles ardentes, ses chants enthousiastes ! Tout y est flamme, tout y est lumière : la vraie fraternité s'épanouit ! Quoi de plus touchant que cette vision fugitive de ce que serait le monde, si le monde était chrétien ? C'est la marche de la terre s'élevant vers le ciel ; ce sont les hommes avec Dieu ! — Nous rentrons pour nous reposer afin de partir le lendemain dès la première heure. Il est 6 heures 1/2 ; la voiture nous attend ; nous y montons tout heureux de continuer nos pérégrinations au milieu de paysages toujours de plus en plus merveilleux. Bientôt la vallée s'ouvre devant nous ! Nous nous sentons emportés sur ce chemin uni, égal, roulant comme si l'hippogriffe nous eût enlevés dans des routes aériennes ! Cette magnifique vallée est encadrée de hautes montagnes : depuis leur pied jusqu'à leur sommet, ce sont des vergers, des bois qui descendent, des pelouses où se déroulent, se découpent, vont et viennent des chemins, des sentiers ombragés, et au milieu de tout cela, de vieilles tours en ruines, des hameaux à demicachés sous des touffes de frênes et de hêtres. Les clochers se détachent, du milieu des bosquets, en aiguilles, en pyramides. Des châteaux épars, les uns au front sombre et noirci ; les autres éclatant de fraîcheur et de blancheur ; les débris de monastères ; des masures antiques, quelques rochers gris et arides, squelettes décharnés de la nature, font ressortir davantage cet ensemble de vie et de fécondité. Telle est la vallée d'Argelès. — Le fond de la vallée offre lui-même une richesse continue de productions les plus variées. Nous traversons plusieurs villages d'aspect riant, qui ont pris plaisir à s'établir dans ce lieu de délices pour y jouir de toutes les grâces et de toutes les majestés de la création. Là, Dieu se révèle avec tous ses attraits ; il s'y montre dans toute sa magnificence ; mais aussi dans toute sa mansuétude, et c'est ce qui fait le charme de cette vallée. Il en est d'un paysage comme de l'âme humaine ; plus l'image de la Divinité y reste empreinte, plus l'attrait qu'elle exerce et l'admiration qu'elle inspire sont puissants et universels. — Nous voici à Pierrefitte où nous stationnons quelques instants afin de prendre à la poste télégrammes et lettres des absents aimés dont le souvenir nous suit partout. Ici, rien à signaler. Au sortir de Pierrefitte, nous remarquons un joli ruisseau coulant paisible et pur, à travers un frais gazon ; à quelques pas de lui, un torrent se précipitait heurtant et surmontant tous les obstacles, puis venant s'y briser lui-même. Sur le flanc des montagnes qui bordaient notre route se prolongeait encore le luxe de la végétation que nous avions admiré dans la vallée d'Argelès. Mais bientôt ce ne sont plus que des rochers arides, des pics aigus ! Ces géants du Midi nous annoncent :

Cauterets !

Cauterets, où nous sommes tout joyeux d'arriver. Après nous être débarrassés de notre bagage à l'Hôtel continental, nous partîmes directement à l'église afin d'assister à la messe de onze heures et demie. Puis, en retournant pour le déjeuner, nous jetâmes un coup d'œil sur la ville située dans un étroit bassin, entre de hautes montagnes ; à l'Est des forêts de sapins ; au Sud-Ouest Péguère (hêtres et sapins); au Nord-Ouest Peyrenère (moissons et cultures) et les Cabaliras ; à l'Ouest cime de Mouné ; au Nord-Est le pic de

Viscos. Nous admirâmes aussi, sur l'esplanade, les Thermes des Œufs, établissement monumental, un des mieux installés de l'Europe, puis nous retournâmes à notre hôtel, Boulevard Latapie Flurin afin de déjeuner au plus tôt. A deux heures, nous montons à cheval escortés d'un guide sûr et expérimenté pour nous diriger à la cascade de Cérisey, au pont d'Espagne, au lac de Gaube. Nous passons d'abord le Gave sur un fort beau pont en pierre ; puis, ce sont les bains de la Raillière et du Pré. Laissant à gauche la vallée du Lutour, on entre dans celle de Géret ou Jéret ; alors, plus de chemin, plus même la trace d'un sentier. Ce qui tient lieu de route, c'est le torrent. Il faut remonter péniblement le long de sa rive, il faut escalader des amas de rochers jetés et entassés sans ordre, les uns au-dessus des autres. Tantôt la montagne présente son flanc tristement nu et aride ; tantôt elle s'enveloppe de noirs sapins ; c'est tour à tour un squelette décharné, ou bien un corps vivant revêtu d'une longue robe de deuil. On marche, comme encaissé dans un cercueil de pierres ; ces rocs qui vous enferment ne vous laissent aucune issue apparente ; vous diriez les prisons de la nature ; on est dans une voie inconnue, ténébreuse, jamais frayée. Point d'ombrage sur vos têtes. Point de gazon à vos pieds ; pour toute société, la voix et la vue du torrent toujours furieux, toujours forcé de se précipiter, sans relâche ni dans ses bonds, ni dans ses mugissements. Cet ensemble d'horreurs, de dangers, d'aspects désolants, cette terrible sublimité nous opprimaient l'âme. Nous allions de cascade en cascade : ce fut d'abord celle de Mahourat, puis celle de Cérisey qui s'enveloppe de longs rameaux de hêtre et de sorbier, comme une naïade qui se fait une tunique de ses longs cheveux. — Une heure après, nous atteignons non sans peine le pont d'Espagne à une hauteur de 1488 m. jeté sur le gave du Marcadau. Longtemps à l'avance, nous entendions le fracas du torrent. Dans ce désert, au milieu de cette nature sauvage et silencieuse, les longs retentissements de la chute d'eau ressemblaient à la voix mugissante d'un géant solitaire écrasé sous quelque rocher de la montagne. Et quand on arrive, le sentiment de terreur et d'admiration s'accroît encore : deux torrents roulent de front leurs eaux heurtées et turbulentes ; ils se brisent contre les immuables blocs qui répriment leurs bonds insensés. Savez-vous quel pont a été construit au-dessus de cet abîme ? C'est tout uniment trois sapins qui semblent être tombés là pas hasard. Passe qui peut ou qui ose sur ces poutres branlantes et disjointes nommées fastueusement le Pont d'Espagne. Mais dans les scènes les plus sévères de la nature, il y a toujours place pour quelques points gracieux : au bord du torrent et du sein de ces masses inertes et indestructibles, s'élèvent et se balancent de légers abrisseaux, des lianes flexibles, des plantes aux rameaux effilés. Comment ces êtres si délicats et si frêles peuvent-ils exister au milieu des fureurs d'une nature si agitée ? Ainsi persistent et se maintiennent, au milieu des orages de la vie, des agitations de la société ou de la famille, ces douces et faibles créatures qui se plient aux événements, qui se façonnent aux caractères, qui ne brisent rien et que rien ne brise. Le brouillard commençait à monter ; notre guide nous demanda si nous n'étions pas trop fatigués pour aller jusqu'au lac de Gaube (1800 m. d'altitude) en nous prévenant que cette ascension aussi pénible que difficile exigeait bon pied, bon œil. Grâce à DIEU, nous n'avions pas dépassé nos colonnes d'Hercule. Notre enthousiasme était tel que nos forces égalèrent celles des plus intrépides, des plus robustes. Nous remontions sur nos chevaux pour nous aventurer dans un dédale de rochers, vrai chaos de pierres, je puis dire, au milieu des magnificences les plus sauvages, les plus sublimes de la nature. A l'aspect de ces grandeurs sévères et immuables, il n'y a pas de place pour les petitesses riantes et fugitives. Tout à coup, nous ne vîmes plus que de la buée ; nous chevauchions à travers les nuages, si bien que lorsque nous arrivions au lac de Gaube, nous étions couverts de givre. Le lac a 720 m. de longueur et 320 m. de largeur. L'eau est d'une belle couleur bleue. Malheureusement, un brouillard épais nous dérobe ses limites. Ce qui nous frappa dès l'abord, fut un monument en marbre blanc élevé à la mémoire de deux jeunes mariés anglais qui périrent dans le lac ! Même avec de la prudence, les accidents doivent être fréquents en ces endroits parsemés de dangers. — Une auberge et une écurie se trouvent là à la disposition des touristes. Suivant l'avertissement expérimenté de notre guide, nous reprîmes nos montures afin d'atteindre Cauterets le plus tôt posible. Le brouillard pouvait bientôt obscurcir la route, même pour les habitués de la montagne ! C'est avec des précautions inouïes, des terreurs sans nom, un effroi continuel que nous opérions notre descente mille fois plus pénible que notre ascension. En maints endroits, le chemin tracé par quelques morceaux de blocs de rocher, au milieu de précipices sans fond, a une pente aussi raide qu'on peut dire qu'elle est droite ! Là, on se demande comment les chevaux vont s'y prendre pour poser le pied ! Les plus hardis tremblent, et, je crois, ferment les yeux et cela pendant deux longues heures ! Je vous avoue que, pour ma part, bien qu'ayant été complimenté par le guide pour mon assurance, je n'oserais plus m'aventurer au milieu de ces affreux et multiples dangers, et je suis tout fier d'en être sorti victorieux. — A sept heures nous étions à l'Hôtel. — Si tôt après le dîner, nous remontions en voiture pour Luz.

Luz.

A notre excursion austère et fatigante, en succède une autre toute gracieuse, toute reposée, tout embellie des tableaux les plus suaves. Nous nous laissions errer le long des frais sentiers qu'ombrageaient les chênes, les noisetiers, les caroubiers. Nous descendions à travers des pelouses admirables, coupées par des ruisseaux qui en rajeunissent sans cesse l'herbe tendre ! Puis l'on voit s'ouvrir devant soi cette belle vallée de Luz que le soleil revêt de tout son éclat, que l'air vivifie de toute sa pureté, que le firmament surmonte de tout son azur, le cœur se dilate d'amour, se pénètre de reconnaissance ! La vallée de Luz est à la vallée d'Argelès ce qu'une jolie miniature est à un beau portrait à l'huile. Ce vallon si frais, parsemé d'arbres, entrecoupé surtout de grandes lignes de peupliers, est cerné par des monts âpres, ardus et neigeux, qui se terminent en pointes insensibles, chargées de jolies chaumières et de riches vergers. Au fond de la vallée, tout est paix, douceur, aménité ; plus haut ce n'est que rudesse, froideur. Ainsi, dans la vie, les âmes aimables et faciles sont dominées souvent par les caractères froids et hautains. La jolie ville de Luz occupe la partie la plus profonde du vallon. L'église s'élève comme une forteresse au-dessus de toutes les habitations qu'elle protège en effet. Les villages assis sur le talus de la montagne ou dans les terres inférieures de la vallée montrent çà et là leurs

groupes de clochers. Un clocher anime et embellit singulière-
ment un paysage ; il marie, pour ainsi dire, le sol avec les
nuées, il jette une pensée de spiritualisme. Otez le clocher,
vous privez le paysage de ce qui fait son charme principal ;
c'est comme si la foi se retirait d'une belle âme. Là-bas sur
ce monticule, gisent tristement les ruines du noir château de
Sainte-Marie. Nous regrettons de quitter ce site enchanteur
après avoir passé une bonne nuit, hôtel de l'Univers. Il
fallut remonter en voiture pour aller à Gavarnie en passant
par Saint-Sauveur ! Saint-Sauveur ! quel nom ! Pour les
païens, la santé, c'était le salut, nous autres chrétiens, nous
voyons le salut bien plus haut. Bientôt on pénètre dans une
espèce de dédale formé par les grandes collines qui se sui-
vent, se croisent, s'élancent en replis sans nombre. La route
serpente sur les saillies de la montagne ; elle s'élance d'un
roc à l'autre par un superbe pont en pierre et en marbre ; le
pont Napoléon, le plus beau que j'aie jamais vu ! Le torrent
coule dessous dans un abîme à plus de 80 mètres de profondeur ; puis il continue sa course désordonnée jusqu'à ce qu'il
arrive à la capitale du Béarn, à Pau, patrie de Henri IV.
Ne croyez pas que cet endroit soit dépourvu de végétation :
Les plantes pyrénéennes y abondent, nous y remarquons
des buissons touffus de clématites et surtout la valériane à
fleur éclatante.

Après l'admiration qu'excite le grand travail de la nature,
qui a jeté ainsi les uns sur les autres rochers et torrents, il
y a aussi à admirer le labeur intelligent, hardi, opiniâtre qui
a rendu accessibles les abîmes les plus profonds, les hauteurs
les plus escarpées... En route maintenant pour Gavarnie si
nous voulons arriver pour le déjeuner.

Gavarnie.

De temps à autre le chemin se couvre de jolis berceaux
que forment sur la tête du voyageur, érables et chênes,
tilleuls et cerisiers. Les touffes de buis et les ronces vous
séparent du torrent : ces buissons le laissent à peine entrevoir. Puis, il se montre dans toute son horreur entre des
rochers nus et livides, coupés perpendiculairement. Nous
commencions à parcourir des défilés épouvantables, entre les
montagnes dont es flancs déchirés et le sol tourmenté lais-

sent entrevoir d'effroyables crevasses. Ces lieux sombres ont un aspect qui serre le cœur. Plus loin on découvre les ruines d'un fort. Au Pas-de-l'Echelle, le tournant devient très rapide, la corniche très étroite ; on ne mesure plus l'abîme. Vingt pieds au-dessous, des festons de feuillage, de longues guirlandes de lierre décorent le pont de Sia qui domine une colline sur le haut de laquelle est située une petite maison. Ce pont de Sia est suspendu sur un gouffre où les eaux grondent comme le tonnerre ; les vagues heurtées, brisées, chassées, vont se perdre sous des blocs énormes de rochers. Enfin la fougue du torrent s'apaise ; épuisé par les efforts de la lutte, succombant de lassitude, il s'éloigne sans bruit, il va se cacher sous un épais bosquet. Alors le joli vallon de l'Artige s'évanouit avec toutes ses délices. Puis ce sont quelques cabanes abritées par des noyers, premiers vestiges d'une société humaine après la solitude du désert. C'est la nature qui, à l'approche des hommes, se montre aimable et bienfaisante. Mais le charme dure peu, et bientôt on se retrouve dans un nouveau défilé, entre des monts tout aussi arides, tout aussi stériles que les premiers. Le torrent reparaît et semble s'attacher à nos pas, comme un fantôme opiniâtre. Il mugit et se roule, bondissant, sous deux frêles ponts de sapin. Çà et là, une cascade vient rompre la monotonie de sa course, et quelquefois, une, deux, trois chèvres aux longues soies noires, image d'une jeunesse irréfléchie, avancent étourdiment leurs jolies têtes à travers les buissons de ronces sur le penchant de l'abîme. A quelque distance de là, les cimes de montagnes se colorent enfin, elles s'empourprent des jeux du soleil, tandis que leurs flancs restent noirs rugueux et décharnés. Plus loin, le défilé s'ouvre : dès lors, plus d'obstacle à la lumière qui inonde le vallon et revêt les montagnes de tout son éclat. A Palasset le Gave naguère si terrible n'inspire plus d'effroi ; on le contemple avec calme, sa colère est assoupie, et par ce qu'il n'est plus irrité, il est plus majestueux. Dans la prairie voisine entourée d'arbres, de belles vaches, les unes debout et immobiles, d'autres nonchalamment couchées, d'autres enfin qui paissent l'herbe touffue, animent ce gracieux paysage. Elles sont paisibles et reposées, car il y a paix et repos dans tout ce qui les environne. La vie dépend souvent du cadre où elle est enchâssée. A Gèdres, nous nous trouvons en face d'une cascade qui

s'échappe à flots bouillonnants entre deux rochers couverts de mousse et de plantes aux longs festons. Cette chute se répand en une belle nappe d'eau claire et limpide dans un bassin que recouvrent et protègent des tilleuls et des cerisiers entrelacés. On y pêche, dit-on, des truites énormes. Nous poursuivons toujours notre course et bientôt apparaissent les magnifiques tours de Marboré, le fameux Cirque de Gavarnie et la brèche de Roland. Le chaos est devant nous. Si ce n'est pas dans ce désordre que le monde est sorti des mains du Créateur, c'est sans doute ainsi qu'il sera bouleversé au jour terrible de justice et de vengeance. Voilà bien ces blocs gigantesques que les réprouvés invoqueront vainement pour écraser leur honte et ensevelir leur désespoir. Suspendues sur nos têtes, amoncelées à nos pieds, comment ces roches fracassées se maintiennent-elles en équilibre dans l'espace ?
— Les unes lancées au flanc de la montagne se sont entr'ouvertes pour recevoir d'autres quartiers de rochers dans leurs crevasses béantes. On ne sait quel ciment les retient encore, quelle puissance retarde leur chute inévitable ; la moindre secousse, le moindre ébranlement, un ouragan fortuit les détachera tôt ou tard : et alors malheur au voyageur que la castastrophe surprendra dans ces parages désolés. Le torrent serpente doucement et comme dompté sous les rocs disloqués, la nature végétale, exilée de ces lieux, a laissé, comme témoignage de son universelle puissance, quelques rares produits : ce sont des aconits à fleurs bleues, des sorbiers aux baies purpurines. Jadis à la place même où ces débris attristent et effraient l'imagination, on voyait une fraîche et riante vallée, et le torrent était un ruisseau paisible. Le vallon était protégé par les mêmes roches qui depuis l'ont rempli de deuil et de dévastation.

En avançant le cocher nous montra sur un roc l'empreinte profonde d'un fer de cheval. Roland a donc passé par là. Puisque le maître tranchait les rochers et les lançait au loin, son coursier pouvait bien y imprimer la trace de ses pieds. A quelques pas de là, ce sont des vestiges plus réels et plus sérieux : plusieurs petites croix, plantées dans des fentes rocailleuses, rappellent la mort sous son aspect le plus cruel, la mort subite reçue loin du foyer, et, ce qui est plus triste encore, la mort causée par un crime. Tandis que ces pensées lugubres nous hantaient, nous arrivions au village de Gavarnie. Nous déjeunons hôtel des Voyageurs, puis nous louons des mulets pour pérégriner vers le cirque et les tours de Marboré ; nous traversons une prairie inclinée, entrecoupée de trois bassins, maintenant à sec, mais qui autrefois étaient des lacs. Nous voici sur un point assez élevé pour saisir et admirer l'ensemble de ce merveilleux spectacle. Est-ce l'immense débris d'un Colisée, ouvrage du peuple-roi ? ou bien plutôt n'est-ce point une forteresse de Géants, des remparts Cyclopéens ? Ah ! non, il n'est pas donné à l'homme d'atteindre à des proportions si colossales. Ces montagnes de pierre sont taillées avec trop de hardiesse, elles se détachent et s'élancent avec trop de fierté pour déceler une autre main que celle de DIEU qui fait reposer le pôle du septentrion sur le vide et qui suspend la terre sur le néant (1). A l'aspect grisâtre et sévère de ces pyramides de la nature, à leur inébranlable stabilité, à la neige ondoyante qui se déploie sur leurs pas inacessibles, on les prendrait pour des vieillards aux cheveux blancs, que DIEU a placés, comme témoins impassibles de toutes les vicissitudes du monde. Le guide, près nous avoir montré le rocher pourfendu, nommé la Brèche de Roland, nous apprit que Mme la duchesse de Berry y était montée. Elle alla aussi loin et aussi haut que femme peut aller. C'est dans les Pyrénées que l'Arioste fait mouvoir ses brillants paladins, les demi-dieux du moyen-âge. A de gigantesques exploits, il fallait un théâtre gigantesque ; il les a établis sur les confins de l'Espagne et de la France, au milieu de ces Pyrénées qui unissent et séparent les deux peuples les plus braves de la terre. C'est au pied des pics glacés du mont Perdu que s'ouvre le cirque de Gavarnie, vaste amphithéâtre formé de rocs perpendiculaires, qui s'élèvent à près de 500 mètres de hauteur. Le cirque lui-même a 3 kilomètres 1/2 de circonférence. De nombreuses cascades se précipitent de divers points de l'amphithéâtre. La plus belle est à gauche, elle tombe du haut d'une roche surplombante et se brise vers le milieu de sa chute sur une saillie du rocher, pour retomber en mille jets au fond d'un entonnoir où sont entassés les uns sur les autres de rochers énormes. Après s'être frayé un passage sous une épaisse voûte de glace qu'on appelle le pont de neige, ces eaux sortent en

---

1. Job. ch. XXVII.

torrent pour former le Gave de Pau qui, d'abord faible ruisseau, grossit bientôt, prend une couleur d'azur foncé et
s'élance à travers les roches, entraînant au loin les débris
des bois et des monts. Quand le premier moment de notre
admiration fut passé, nous nous fîmes mutuellement part de
nos impressions ! c'est dans ces solitudes sublimes que l'affection véritable, charme et gloire de la vie, se fait surtout
sentir avec son ineffable douceur.

Nous reprîmes nos montures et le chemin du village, au
milieu de ces sublimes harmonies de la nature. A Gavarnie
nous retrouvâmes notre voiture. Les chevaux étant bien
reposés, nous étions persuadés d'arriver à Lourdes avant la
tombée de la nuit. Malgré la vitesse de nos coursiers, nous
pûmes admirer Saint-Sauveur qui paraît suspendu sur les
flancs de la montagne, au-dessus des bois enchanteurs qui
sont au sein de la vallée. Tout est frais, tout est calme, tout
est pastoral dans ces charmants alentours ; partout, riants
pâturages, bordés, entrecoupés, ombragés de frênes, de châ-
taigniers, de hêtres aux longs et pendants rameaux ; on
n'entend que la voix mystérieuse du feuillage, le chant
sonore et accentué des pasteurs, le tintement argenté des
clochettes suspendues au cou des brebis et des chèvres et
par-dessus tout, l'écho du torrent et enfin la grande mélodie
des cloches qui se répondent d'un hameau à l'autre. Vrai
tableau d'idylle, scène délicieuse bien propre à apaiser les
agitations de l'âme. « La solitude, dit Bernardin de Saint-
Pierre, rétablit les harmonies de l'âme et du corps. » Quant
à celles du cœur, DIEU se les réserve. Le soir approchait ;
nous nous laissâmes bercer par les grondements du Gave et
nous contemplâmes en silence ces masses gigantesques
enveloppées de nuages qui se dessinaient en relief sous un
ciel sombre. Tout à coup, un orage se déclare, on entend
rouler les éclats du tonnerre, et, à toute minute, les éclairs
illuminent les ténèbres et ajoutent à la beauté de ce terrible
spectacle. A neuf heures, nous arrivons hôtel Richelieu où
l'on nous attendait comme on attend des amis avec un bon
petit dîner préparé à notre intention. A Lourdes tout est
beau, tout est bon, tout est patriarcal ; l'on voudrait y rester
toujours, tant on y est bien. Malheureusement la nuit ache-
vée et la messe entendue à la basilique, il fallut saluer cette
terre bénie et prendre l'express pour Pau à 9 heures 50

Pau.

A 11 heures nous arrivons dans la capitale du Béarn, et, pour ne pas perdre de temps, nous déjeunons au buffet de la gare. A midi, nous nous mettons en route. De la montagne où est située cette jolie ville, et surtout des hauteurs du parc, on plane sur un magnifique vallon : ce sont des moissons qui mûrissent, des prairies qui verdoient, des vignobles, des vergers, de jolies chaumières qui se détachent, des habitations qui se groupent en hameaux délicieux, et le tout entre-coupé, arrosé, fertilisé par les cent replis du Gave ; et tout autour de cette ravissante vallée un cercle de montagnes gigantesques, dont les têtes inégales heurtent et découpent les nuages. Oh ! c'est là que devait naître Henri IV. Ce mélange des beautés de la nature et de sa sublimité offre bien l'emblème du caractère et de la vie du roi béarnais, laborieux et héroïque conquérant, roi paternel et législateur. Dans ce même parc, admirable promenade, le long de ces sentiers escarpés, montueux, sous ces vieux hêtres, le fils de Jeanne d'Albret faisait ses premiers exercices, prenait ses premiers ébats sous l'œil de la Gaucherie ; tantôt il réprimait son impétueuse vivacité pour écouter les leçons du vertueux précepteur ; tantôt il s'échappait comme un daim léger, pour courir vers un cheval bondissant, ou grimper sur un arbre, ou chercher d'où partait le son lointain d'une trompette... Heureuse et forte éducation, où le sage et habile maître, trouvant dans la vivacité extrême de son disciple un obstacle à des études suivies et régulières, sut, comme les anciens philosophes grecs, former son cœur et son esprit à l'aide de conversations heureusement amenées et du spectacle toujours si profitable des belles scènes de la nature. — Avant de visiter l'intérieur du château nous remarquons qu'il a six tours carrées : celle de Gaston Phœbus, de Montaüset, Neuve, de Billères, de Mazères et de la Monnaie. En pénétrant, on se trouve dans la grande cour d'honneur ; puis le rez-de-chaussée se composant de la salle des gardes et de la salle à manger des officiers, la grande salle des Etats où l'on admire de magnifiques tapisseries de Flandre et la statue en marbre blanc d'Henri IV par Francheville. Dans le grand escalier, pas une sculpture ne se ressemble ; ce luxe de patience et cette flexibilité d'imagination se trouvent fréquemment dans les œuvres de l'art au moyen-âge. La pensée et le sentiment, dont les richesses sont inépuisables, jaillissent du sein de l'artiste, sous mille formes diverses, comme d'une graine fécondée jaillissent, au temps marqué, tiges et rameaux, feuilles et bourgeons, fleurs et fruits. Après les salons et chambres des souverains on arrive à l'appartement où naquit Henri IV le 15 décembre 1553. Là se trouve le berceau du Béarnais. C'est tout uniquement une carapace de tortue, premier symptôme de l'éducation austère et mâle qui fut donnée à ce nouveau lion d'une nouvelle tribu de Juda. Quatre bannières blanches environnent le berceau, surmonté de ce casque et de ce panache que l'on trouva toujours au chemin de l'honneur. Nous traversâmes encore quelques pièces remplies de souvenirs historiques et nous redescendîmes place Royale, où se trouve la statue en marbre blanc de Henri IV. Là se déploie la vue la plus magnifique ; c'est ici, dans des situations semblables, que je sens à quel point elle me manque, cette précieuse faculté de peindre la nature et ses beautés. Quand un spectacle si ravissant m'apparaît, je suis trop ému pour le décrire. Plongé dans la contemplation extatique de l'ensemble il m'est impossible de saisir les détails et les traits distinctifs. Il fallut quitter ce point enchanté pour jeter un coup d'œil sur les collines de Jurançon parsemées de châteaux et de belles vues et pour visiter la ville qui n'a rien de remarquable. De la place Royale, une rampe raide permet de descendre en trois minutes à la gare où nous prenons l'express pour Bayonne.

Bayonne.

Il est 7 heures lorsque nous arrivons.

Nous montons aussitôt dans la voiture de l'hôtel du Panier Fleuri. Jusqu'ici rien, si ce n'est l'Adour et la Nive qui se promènent à travers cette vallée. Bayonne est curieuse par son ancienneté ; elle est bruyante de commerce et d'industrie ; mais silencieuse de tout autre chose. S'il faut dire la vérité, rien ne m'a plu à Bayonne. Nous attendons le point du jour avec une impatience inexprimable pour nous enfuir à Biarritz. En nous dirigeant sur la place pour monter dans le tramway conduisant à Biarritz, nous vîmes des ponts qui ne finissent pas, deux châteaux bien flanqués de tours, une citadelle de Vauban, des allées maritimes bien sablées, un quai fort régulier où viennent s'amarrer les navires et tout cela paraît triste. Grâce à Dieu dans une demi-heure nous serons presque en Espagne ; nous respirerons les effluves embaumés de cette mer que nous aimons tant ! Nous y voici ! Quelle jolie plage entourée de pentes gazonnées près de laquelle s'élève l'établissement de bains en style mauresque ; que de délicieuses villas ; et ces rochers sur la mer. Que c'est imposant ! Au Nord, ce sont les rochers du cap Saint-Martin qui portent le phare ; plus loin, un vrai chaos de rochers au pied de la falaise, au-dessus desquels s'élève un autre casino. Des sentiers pittoresques montent au sommet de l'Atalaye (tour du guet). La base est percée d'un tunnel qui permet de se rendre sans fatigue au Port-Vieux. C'est une anse étroite surplombée de rochers à pic. Au-delà et vers le Sud, s'étend la côte des Basques, où la mer est dans un état d'agitation continue. C'est là que le deuxième dimanche de septembre, les Basques viennent se baigner au son du fifre et du tambourin. Peu de temps nous a suffi pour voir et visiter ce que je viens de narrer ; aussi pourrons-nous prendre le chemin de fer pour Arcachon dans l'après-midi.

Arcachon.

A 7 heures nous arrivons hôtel Richelieu sur la Plage du Bassin d'Arcachon et après avoir réparé nos forces avec un excellent petit repas, nous nous empressons d'aller respirer un peu, au bord de la mer, la température étant étouffante, et remettant au lendemain nos excursions. Après une excellente nuit passée dans un bon lit, nous nous mettons en route. Boulevard de la Plage, nous remarquons de beaux magasins, et sur les dunes de gracieux chalets. Par une rue transversale, nous atteignons le Casino sur une hauteur. Il domine Arcachon : c'est un charmant palais mauresque, à côté est une tour en fer d'une grande légèreté appelée l'observatoire Sainte-Cécile. De là, nous nous promenons dans la forêt d'Arcachon composée principalement de pins et de chênes avec buissons de houx, d'arbousiers, d'aubépines. L'action de cette forêt est tonique et reconstituante, on aimerait à respirer là toujours. Il fallait revenir à l'hôtel pour prendre un bain d'abord et déjeuner ensuite. J'avais rêvé une promenade en mer. Mes chers Parents acquiescèrent à mon désir et vers 2 heures nous partîmes en canot pour les parcs aux huîtres. Il est curieux de voir cette ferme. Ecole pour l'élève des mollusques : c'est un véritable champ où sont disposés des milliers de carrés où l'on met les huîtres depuis leur naissance jusqu'à ce qu'elles soient convenables pour le commerce. La production annuelle est d'environ 300 millions d'huîtres ; c'est la richesse d'Arcachon. Après nous être arrêtés au moins dix minutes pour l'examen et les explications concernant l'huîtrière, notre petit canot retourna vers la plage. J'aime ce doux ballottement des flots, ce murmure des vagues ; c'est à regret que nous mîmes le pied sur le sable. Il était temps, l'omnibus de l'hôtel nous attendait pour nous conduire à la gare où nous devions filer sur Bordeaux. C'est à 6 heures 1/2 que nous y arrivons.

Bordeaux.

J'ai omis de vous parler des Landes que nous avons traversées. La vue n'est pas, comme on pourrait le croire, sans cesse attristée par des plaines incultes et stériles ; les bruyères, ces tristes et résignées violettes du désert, étendent au loin un tapis lilas entremêlé de hautes fougères. Les champs de maïs se déploient sous l'ombrage des chênes touffus, des catalpas indiens, des peupliers de la Caroline au feuillage si vert et si tendre. Puis, le village du Père des Pauvres, Saint Vincent, avec son chêne auprès duquel le grand apôtre de la Charité, encore enfant, aimait à s'asseoir en gardant les troupeaux. Nous aurions voulu nous arrêter là un instant ; c'était impossible. Voici la capitale de la Gironde. En y entrant, on est frappé de la hardiesse d'un pont magnifique qui étale ses dix-sept arches ; ensuite, le regard étonné se promène tour à tour sur une ligne de bâtiments sévères, réguliers et sombres, sur la tendre et abondante verdure de l'autre rive. Entre les deux quais se déploient le fleuve et le port. Bien que Bordeaux ait de quoi justifier le rang qu'elle tient parmi les premières cités de France, j'éprouvai un serrement de cœur en songeant à mes montagnes aimées, et la Place royale, la Place Dauphine et celle de Saint-Germain ; les rues de l'Intendance et du Chapeau rouge ainsi que le quartier Chartron ne purent me distraire. Enfin, la place des Quinconces eut le privilège de me tirer de ma rêverie. Cette place est l'une des plus belles de France. De là on découvre le port de Bordeaux avec la forêt de mâts, les larges cheminées des paquebots. A l'extrémité de la place se dressent de hautes colonnes rostrales (20 mètres) au sommet desquelles s'allument des feux pendant la nuit ; ce sont des phares gigantesques, et sur l'esplanade les statues en marbre de Montaigne et de Montesquieu. Indépendamment des Quinconces, cette ville a de fort belles promenades, entre autres le cours de Tourny, les allées de Tourny et le Parc anglais. Les monuments romains sont ici fort rares, sauf le prétendu palais de l'Empereur Gallien qui n'est qu'un amphithéâtre dont il ne reste que quelques pans de muraille. Parmi ses anciens édifices, on visite l'église de Sainte-Croix restaurée sous Charlemagne : On y voit les figures allégoriques des quatre vertus cardinales et celles des vices qui leur sont opposés, puis la cathédrale Saint-André et l'église Saint-Michel dont le caveau du beffroi possède la propriété de conserver les corps : aussi, en voit-on une quantité considérable parfaitement momifiés et symétriquement rangés autour des murs de ce souterrain que les Bordelais appellent leurs Catacombes. Nous laisserons Bordeaux pour prendre sur le quai un des petits bateaux (hirondelles), qui y stationnent pour nous rendre à Lormont. Ce parcours dure une demi-heure. Il offre sans cesse au regard un vaste et magnifique panorama. La ville se dessine en demi-lune, et toutes les maisons qui bordent les quais sont bâties sur un plan habilement combiné. D'une extrémité à l'autre, des douze portes au moulin de Bacalan, c'est un horizon varié, immense, de belles maisons et des navires ; tout est animé dans ce vaste tableau. Les beaux chantiers de construction de paquebots, la corderie, l'arc de triomphe de la porte Saint-Julien, la Place royale les élégants édifices des Chartrons se dessinent successivement sur toute la ligne ; et ces navires, ces édifices, ces scènes si animées annoncent l'entrepôt des deux mondes. Mais, nous sommes arrivés ; voici la petite église de Lormont et d'après un renseignement, la villa Marie se trouve au haut de la côte, à dix minutes de l'arrivée du bateau. Nous marchons d'un pas allègre ; il nous tarde d'offrir nos hommages à Madame Marie-Edouard Lenoir, rédactrice en chef du journal « le Biographe », et à Monsieur Lenoir, son digne époux. Jusqu'ici nous ne connaissons que les œuvres de Madame Lenoir, œuvres aussi suaves que touchantes, œuvres qui vous élèvent de la terre dans les sphères célestes ; bientôt il nous sera permis de saluer l'auteur de toutes ces délicieuses beautés. Oh ! nous avons bien regretté de ne pouvoir céder aux instances de Madame et Monsieur Lenoir en restant auprès d'eux une bonne partie de la journée. L'heure du chemin de fer pour Tours approchait ; nous n'avons pu respirer l'air embaumé des parfums de toutes les vertus de cet intérieur de Muse que quelques minutes. Le souvenir que nous garderons de cette sympathique entrevue rayonnera sur toute notre existence pour l'embellir et la parfumer : Madame Lenoir m'offrit un magnifique volume, « Du Nord au Midi », qui a la place d'honneur dans notre bibliothèque. Il fallut nous séparer et quitter ces anges de la terre qui passent en faisant le bien. Monsieur Lenoir daigna nous accompagner presque jusqu'au bateau. Dans un cordial serrement de mains, nous lui témoignâmes toute notre reconnaissance. A midi 50, nous étions sur la direction de Tours où nous arrivâmes vers 6 heures.

Tours.

Nous sommes au cœur de la France ; et ce n'est point au hasard que j'emploie cette expression. Oui, ces belles provinces sont vraiment le cœur de la patrie. Noble cœur qui n'a jamais battu pour l'étranger, qui n'a jamais forligné ! Ici tout est français : origine, mœurs, habitudes, caractère, langage, tout, jusqu'au sol, jusqu'à la température. Ce n'est pas la Picardie, l'Artois, les Flandres avec leurs froides et pluvieuses intempéries, la richesse monotone de leurs campagnes, l'humeur un peu austère et pour ainsi dire germanique de leurs habitants, ce n'est pas non plus le Languedoc, la Provence, la Guyenne, où l'Italie et l'Espagne semblent avoir laissé avec les ardeurs de leur climat et les productions de leurs plaines, la vivacité turbulente des esprits et la violence un peu passionnée des caractères ; c'est la France proprement dite, ce qui signifie une terre douce, tempérée sous tous les sens, fidèle à ses croyances, glorieuse dans ses souvenirs, gracieuse, riante et variée. Paris, Amiens, Rouen, ont pu cesser d'être Français ; Tours, Blois, Orléans, n'ont jamais perdu ce beau titre des Dunois aux Larochejaquelein ; que d'héroïsme et de dévoûment ! Mais il est temps de nous reposer si nous voulons partir demain dès la première heure pour visiter le jardin de la France, ne pouvant disposer que d'une matinée et nous sentant accablés de lassitude. Parfois nous ne comprenons pas où nous puisons notre énergie, car il faut une santé de fer et beaucoup de volonté pour visiter et étudier en si peu de temps tant de pays, tant de sites !... C'est ici le cas de dire avec le proverbe : « rien sans peines ; point de bonheur sans souffrances. » Aussi courage et en voiture ! Voyez-vous sur l'une et l'autre rive de la Loire ces châteaux, ces habitations si chères à la race des Valois, dont les royales ombres semblent planer encore sur la contrée ? — Et ce pont, l'un des plus beaux de l'Europe, ces quais enchanteurs, cette rue véritablement royale par sa régularité, sa longueur et sa largeur surprenantes ; elle est garnie de trottoirs et bordée de beaux hôtels tous construits dans le même style. Ici on se croirait dans la capitale d'un grand royaume. Mais le prestige ne dure pas longtemps ; on ne rencontre plus ensuite que rues étroites, obscures et tortueuses. Ainsi Tours ne fait pas oublier la Touraine, la cathédrale ne fait pas oublier celle de Chartres ; néanmoins c'est un bel édifice gothique aux clochers inégaux, aux magnifiques rosaces, à la nef vaste et élevée, aux piliers légers, aux vitraux richement composés. Cette église est surtout remarquable par la symétrie et la perfection de l'ensemble. Là reposent les cendres de Charles VIII et d'Anne de Bretagne. De l'abbaye de Saint-Martin, il ne reste que des tours. Le tombeau de ce grand évêque attirait dans le moyen-âge une foule de pèlerins. Ce fut dans l'église de Saint-Martin que Clovis revêtit les ornements de patrice, de consul et d'auguste, envoyés par l'Empereur Anastase. Le culte pour la mémoire du grand évêque de Tours, a toujours conservé un caractère de joie populaire... Après avoir fait l'acquisition d'un panier des fameux pruneaux de Tours, le cocher nous conduisit au restaurant Charpentier, rue Gambetta, où nous avons été très bien servis. De là, nous nous dirigeâmes à la gare où nous prîmes l'express pour Paris. Après Saint-Pierre du Corps nous atteignîmes Blois où nous aperçûmes le château de Chambord et celui de Blois. En admirant ce dernier, il semble que l'on ouvre un volume où l'histoire du XVI⁰ siècle est gravée sur des feuilles de pierre en caractères sinistres et sanglants. Quand le Père du peuple et le Père des lettres agrandirent ces somptueux bâtiments ; quand le premier y amena sa tendre et vertueuse Bretonne, que le second en fit le théâtre de ses fêtes brillantes, qui leur eût dit que bientôt, dans ces mêmes lieux, Catherine de Médicis tramerait ses manœuvres viles, atroces ; que la faiblesse du dernier de leur race souillerait de fange et de sang la plus belle couronne de l'univers ? Je m'arrête ; voici Orléans, ville antique ; on aperçoit son beffroi et son pont de treize arches. Notons ici que les femmes d'Orléans sacrifièrent jadis tous leurs joyaux pour élever un monument à Jeanne d'Arc, (ma chère héroïne), monument que les protestants détruisirent en 1552... Après les Aubrais, Etampes et enfin !...

Paris

Vite, hôtel Ste-Marie ; puis dîner au Palais-Royal. Si nos forces le permettent, nous irons voir *Ruy-Blas*, de Victor Hugo, au Théâtre-Français. A huit heures et demie, nous y étions. Le théâtre n'a rien d'extraordinaire à signaler ; mais les acteurs ont su rendre les beaux vers de Victor Hugo. La poésie, cette langue divine, rendue avec des accents convaincus et touchants, vous transporte, vous élève là où tout est beau, où tout est bien ! A minuit, nous nous reposions, nous promettant de faire, le lendemain, grasse matinée. A onze heures, nous assistons à la messe à l'église de la Trinité ; à midi nous déjeunons et décidons que nous partirons à sept heures pour Lille, souhaitant maintenant de tout notre cœur le bien-être du foyer. A deux heures nous montons en voiture pour nous rendre au bois de Boulogne et au Jardin d'Acclimatation. C'est, actuellement, une des promenades les plus belles et les plus intéressantes de Paris. C'est le lieu par excellence des récréations instructives. Après avoir franchi la grille qui forme l'entrée principale, on se trouve dans une belle avenue où vient aboutir tout le réseau d'allées et de sentiers qui contournent les parcs. A gauche sont les grandes Serres qui couvrent presque la moitié d'un hectare (4.500 mètres). La serre tempérée, autrefois palais des fleurs (nom qu'elle mérite toujours), est un véritable coin de la terre promise. — Les fleurs y succèdent aux fleurs et donnent aux visiteurs l'illusion d'un éternel printemps. Palmiers, arbres et végétaux exotiques semblent les abriter de leur feuillage.

Voici la Serre Boulevard, vaste promenade, longue de cinquante mètres, large de vingt-et-un, régulièrement plantée de lignes de grands palmiers. A cinq mètres du sol, supportée par d'élégantes colonnes, règne tout autour du boulevard une galerie accessible au public, communiquant avec le premier étage du hall. Une ouverture percée dans la paroi contiguë à la serre tempérée permet de voir d'en haut les végétaux. Sous cet aspect nouveau, les plantes donnent tout à fait l'illusion de la forêt Vierge.

Après les serres, nous entrons dans la galerie des perroquets et des oiseaux des îles. On y voit, sur des perchoirs disposés avec goût, toutes les espèces d'aras de l'Amérique du Sud et du Mexique. C'est difficilement et à regret que nous sortons de cette salle où Mère avait déjà apprivoisé un kakatoès. Il semblait lui demander d'éternelles caresses sur la tête, et pour lui prouver sa reconnaissance, il lui posait doucement le bec sur la joue. Au reste, cette salle bruyante retient longtemps le visiteur ; c'est une cacophonie de chants variés, un éblouissement de plumages scintillants se querellant sur les perchoirs. En sortant on arrive à la singerie provisoire revêtue intérieurement et extérieurement de plaques de faïence pour empêcher les murs de s'imprégner de mauvaises odeurs. La façade du bâtiment est occupée par un grand ébat grillé où on laisse en liberté les espèces rustiques telles que les cynocéphales, babouins et macaques. Il y a aussi des ouistitis, le singe-lion, remarquable par sa fourrure d'un roux éclatant, et des compartiments avec des écureuils. En face de la singerie se trouvent les parcs des échassiers et oiseaux de rivage : hérons, cigognes, spatules, vanneaux ; dans le même rayon, les autruches, puis la faisanderie. En face se dresse la statue de Daubenton (avec son petit mouton), né à Montbart en 1716, mort à Paris en 1800. Ce beau marbre est placé en face des parcs de la Bergerie. Il faut jeter un coup d'œil sur le mouton de Chine Ty-Ang., le mouton Romanoff gris de Russie et les astrakans si connus par leur fourrure. Voici le chalet des kanguroos, des cerfs, et au centre de ce bâtiment polygonal des remises et écuries pouvant contenir quatre-vingt-dix chevaux. A l'extrémité des écuries se trouvent les manèges construits selon toutes les règles de l'art. Nous autres, enfants, nous trouvons là des chevaux appropriés à notre taille et pouvons les monter sans redouter les inconvénients des montures disproportionnées. Voici les zèbres, les hémiones ou ânes sauvages des steppes de la Haute-Asie et les girafes ramenées de l'Abyssinie en 1872. Le parc des rennes qui rendent les services du cheval, du chameau, du bœuf ; le chamois, les antilopes des Indes qui font l'admiration des promeneurs par leurs bonds prodigieux.

L'aquarium situé sur la droite, après la laiterie, compte dix bacs, et chacun des bacs est un petit océan où s'agitent les êtres les plus étranges. Les pieuvres, les crevettes, les Bernard l'Ermite, l'anémone parasite, les hippocampes ou chevaux marins, les soles, les anguilles, les turbots, etc. Pour compléter la promenade, on visite la rivière qui partage le jardin en deux parties à peu près égales, et que nous avons laissée au centre. Là sont groupés les palmipèdes et les oiseaux proprement dits : les ravissants canards mandarins, les cygnes, etc. Puis la rivière s'élargit en forme de lac en face de la pelouse des grandes écuries. Sur cette belle nappe d'eau, le grand pélican blanc règne en maître.

C'est sur la rive gauche de la rivière que se trouve le kiosque des concerts dirigés avec autant de goût que de talent, d'après ce que nous avons pu en juger. Nous fîmes nos adieux aux hôtes du magnifique jardin d'acclimatation pour remonter en voiture et gagner au plus vite notre hôtel afin de ne pas manquer le rapide de 7 heures. Nous saluons la capitale et nous hommes heureux de reprendre le chemin de Lille où nous serons réunis à ceux qui nous aiment et que nous aimons, et qu'il nous tarde d'embrasser. Quant à vous, ô parents chéris, je voudrais les accents d'un séraphin pour vous dire les émotions tendres et religieuses qui remplissent mon âme en songeant à vos incessantes et délicates bontés pour moi... Je voudrais vous montrer les joies de mon cœur, la reconnaissance de tout mon être. Mon impuissance m'accable, mais je veux que mon amour pour vous se manifeste dans tous mes actes. Les souvenirs que je viens de recueillir feront le charme et la gloire de ma vie ; leurs ineffables douceurs me rediront vos bienfaits et mon bonheur : A défaut d'élocution, parents aimés, puissent mon regard et mon sourire vous exprimer ma plus délicate pensée ; puisse le bon Dieu vous bénir !!!!!!..........

Raphaël TÉNIÈRE,

Né le 23 Janvier 1882, à Lille,
59, rue de la Plaine.

Lille, Septembre et Octobre 1892.